学生地理探索丛书
Geographical exploration series

全球最美的
地质奇观
GEOLOGICAL
WONDERS

总策划/邢 涛　　主编/龚 勋

THE MOST BEAUTIFUL

重庆出版集团 ⬤ 重庆出版社
⬤ 果壳文化传播公司

全 / 球 / 最 / 美 / 的 / 地 / 质 / 奇 / 观
BEAUTIFUL GEOLOGICAL WONDERS OF THE WORLD

FOREWORD

前言

在我们这个美丽神奇的地球上，有一种力量是我们人类都望洋兴叹、无法比肩的，堪称超越所有智慧和科技能力的"神秘之手"。它就是大自然的神奇力量。大理石拱形洞、珠穆朗玛峰、维苏威火山、科罗拉多大峡谷、撒哈拉沙漠……这些地质奇观无不充分展现了大自然的伟大和鬼斧神工。如此神奇美丽的地质奇观不但让我们感叹大自然的神奇力量，而且给予了我们人类最美的视觉感受和体验。

本书按照不同的地质奇观分为六个篇章，分别从世界国家地质公园、中国国家地质公园、雪山秘境、火山奇地、峡谷沟壑、特色地貌六大地质奇观中精选出69处全球最美的奇观结集成书。从黑龙江五大连池的纯净到张家界群峰的雄奇，从珠穆朗玛峰的高耸入云到庐山的如诗如画，从普罗旺斯的浪漫到夏威夷的逍遥自在……处处都是让人心驰神往的地方，在方寸尺牍之间，将世界最美的记忆尽收眼底。

本书图文并茂，集知识性、观赏性于一体。数百幅富有冲击力的精美图片将全球最美最神奇的地质奇观一一展现，优美精练的文字带您畅游不同地质奇观的精彩与永恒。阅读本书，您足不出户就可以观赏全世界最美的地质奇观，了解各种地质奇观的成因，领略大自然留给我们的最瑰丽的"礼物"。

如何使用本书

为了方便读者阅读本书，下面向读者介绍《全球最美的地质奇观》的使用方法。本书共分为"世界国家地质公园篇"、"中国国家地质公园篇"、"雪山秘境篇"、"火山奇地篇"、"峡谷沟壑篇"和"特色地貌篇"六个篇章，按地形地貌的不同分别介绍了世界各地的不同景致。每个篇章都分为若干知识点，详细介绍了与主题相关的知识内容。

书眉 ●

双数页书眉标示丛书名，单数页书眉标示书名。

副标题 ●

对该地理景观主要特征的概括形象描述。

主标题 ●

当前页主要地理景观的名称。

引言 ●

对当前主题内容的简明阐述，引领读者进入全篇。

图片 ●

与当前页地理知识相关的图片，让您对相关内容有更真切的认识。

南极大陆的火神

埃里伯斯火山

在冰天雪地的南极大陆，有一处奇特的地方，那就是埃里伯斯火山。1908年，澳大利亚地质学家戴维第一次登上山顶时，发现三个火山口不断地吐出蒸气，并且伴有断断续续的轰鸣声，听起来让人胆战心惊，于是他形象地把这里称为"南极大陆的火神"。

漂浮的冰块是从埃里伯斯火山下面的罗斯冰架上分离出来的，至今还处在不断漂移中。

埃 里伯斯火山位于南极洲罗斯海西南的罗斯岛上，是地球上位置最靠南的活火山。1839年，英国探险家罗斯率领着他的探险队乘坐"埃里伯斯号"轮船去南极探险，在靠近今天的罗斯海的附近，

突然见到一个岛屿上升起熊熊的火光，经过探测，发现是一座正在喷发的火山，于是，就把它命名为"埃里伯斯火山"。这座火山海拔3794米，基座直径约30千米，

■埃里伯斯火山

篇章名称
　　每章所要介绍内容
的总括。

第二章
中国国家地质公园篇
Part 2
Chinese National Geoparks

　　国家地质公园是融合自然景观与人文景观的自然公园。有特定的地质科学意义和独特的地质遗迹，具备观赏休闲的功能。中国国家地质公园是由联合国教科文组织批准的，共有8个。包括黑龙江五大连池、河南云台山、河南嵩山、安徽黄山、湖南张家界、江西庐山、云南石林和广东丹霞山地质公园。这一章详细介绍了我国丰富的地质遗产，带你走近古老神秘的地质遗产：火山喷发形成的五大连池、平坦的北方岩溶地貌景观云台山、美叫天下的黄山、中国雷西纪冰川学说的诞生地庐山……

　　火山口呈椭圆形，深约百米，四壁很陡。巨大的火山口里冰川叠砌，蔚为奇观。由于地处极寒地区，火山喷出的蒸气凝结成高达数米的冰塔，冰塔又被继续喷出的蒸气穿透成为一个冰洞，蒸气沿着冰洞上升，在冰洞中凝结成晶莹的冰花，构成了一幅美丽的大自然画卷。

　　被吸引到埃里伯斯火山来的不仅仅是地质学家。植物学家们对高耸于该山两侧的特拉姆威山脊有特殊的兴趣，在那里的火山喷气孔区暖湿地上滋生着丰富的植物。

南极洲干谷

　　南极大陆大部分地区都被冰雪覆盖，即使在短暂的夏季，也只有不到5%的岩石裸露区。但就在这一望无际的冰天雪地里，却有一处奇特的地方，它是三个巨大的盆地，里面没有一片雪花，和四周的

南极洲干谷的年降水量只有25毫米，即使下雪，也会立即被干燥的风吹走。

景色形成了强烈的对比，这就是南极洲干谷。干谷四壁陡峭，呈"U"字形，是由巨大的冰川切割侵蚀而成的，现在冰川早已融化，只留下了这些黑褐色的谷地。干谷的范围很大，里面一片荒凉，没有任何绿色的植物，因此也被称为"赤裸的石沟"。每个干谷都有盐湖，其中最大的是万达湖，它有60多米深，湖面上有一层约4米厚的冰层，在晴天里闪烁出天蓝色的光泽。

● 篇章内容概述
　　用高度简练的文字对该篇章的主要内容进行介绍，使读者大致了解该篇章内容的结构脉络。

● 小标题
　　与当前页内容相关的背景知识。

● 图片说明
　　对图片的文字说明，同时讲解与正文有关的知识点。

● 内文
　　对当前页地理景观的详细介绍。

● 小资料
　　与当前页内容相关的背景知识。

南极洲干谷的空气又冷又干，散落在里面的海豹的尸体经年不坏。

火山地质

　　根据现有的资料分析，南极洲的冰盖下面是一块面积约1242万平方千米的基岩，它是一个不对称的地垒，是一系列由断层山脉组成的地垒式山地，由于下降部分的地壳极不稳定，所以形成了今天的埃里伯斯火山。

BEAUTIFUL
GEOLOGICAL WONDERS
OF THE WORLD 目录

第一章
世界国家地质公园篇

Part 1
World National Geoparks

　　国家地质公园是以具有特殊的地质科学意义、稀有的自然属性、较高的美学观赏价值和具有一定规模和分布范围的地质遗迹景观为主体，并融合其他自然景观与人文景观而构成的一种独特的自然区域。截至2012年7月，经联合国教科文组织批准的世界国家地质公园已经达到了88家，如：大理石拱形洞、普罗旺斯高地……美丽神奇的地质公园是让人一辈子都怀念的地方。当你踏上这些热土，你会忽然分不清哪里是天上，哪里是人间。那里迷人的自然风景和人文风景非常和谐地融合为一体。

用石头搭建成的世界级旅游胜地

大理石拱形洞

大理石拱形洞世界地质公园位于英国北爱尔兰弗马纳郡境内，是欧洲最好的观赏性洞穴之一。洞内，钟乳石在川流上熠熠发光，易碎的矿石层和乳白色方解石的小瀑布，为洞穴墙面裹上了一层霓裳，真不愧为世界级旅游胜地。

大理石拱形洞是1895年由任教于巴黎索邦神学院洞穴学专业的法国著名洞穴学家安德特·马可首次发现的。

在坎布瑞安山山脉的顶部，页岩和砂岩形成了宽广的滩地，在那里，丰沛的降水逐渐聚集成不连续的溪流与河流，再流经不渗透的砂岩和页岩后，汇集到石灰岩层，再沿石灰岩层向前流动一段距离后，渗透到地下形成洞穴。著名的大理石拱形洞就是在这里形成的，它拥有珍贵的典型沉积物和形态万千的钟乳石，向人们展示了复杂的洞穴起源。

这里的大多数洞穴都形成于石灰岩地层上部，该地层为不同类型石灰岩的复杂岩群，它们在厚度和特征上都有很大的变化，反映了逐渐增强的构造活动。尽管地质公园内的泥炭石灰石干净且大部分为层状，有助于形成大洞穴，但石灰岩地层的这些变化特点对洞穴的发育和形成也具有重要影响。

坎布瑞安山海拔仅有668米，但它的北部地区，在温和的大西洋海洋气候影响下，年平均降雨量达到1500毫米，暴露的抬升地区的降水量则超过2000毫米。

坎布瑞安山的石灰岩斜坡下部发育着一个巨大的洞穴体系，大理石拱形洞就是其中之一。

大理石拱形洞世界地质公园

大理石拱形洞被人们一致认为是世界上少有的极具观赏价值和研究价值的洞穴，被称为世界级的旅游胜地。游人在主溪流洞穴中可以观赏到一条湍急的河流，还有形态万千的钟乳石。英国政府从1985年起宣布将其对外开放。从开放之日起，大理石拱形洞每年吸引着全世界近5万名游客和地质爱好者及专家学者来此参观。

近几年来，大理石拱形洞在保护与开发、教育和地质旅游方面取得的成绩引起了国际上的广泛关注。2001年，大理石拱形洞成为英国第一个欧洲地质公园。2004年2月，经联合国教科文组织的批准，大理石拱形洞被列入第一批世界地质公园名录。

在峭壁与沙滩中徒步旅行
爱尔兰科佩海岸

我们的地质环境多种多样，从4.6亿年前的黑色页岩到中世纪的古堡遗迹，从壮观的峭壁到广阔的沙滩，在以库姆拉山为背景的完整环境中，我们为你提供了一条徒步旅行的最佳路线。

——爱尔兰科佩海岸联合委员会

大约4.6亿年前，今爱尔兰科佩海岸地区曾发生过两次重大火山喷发。随着时间的流逝，火山被来自充满生物的海洋碎屑物质所覆盖，同时海洋提供了大量

科佩海岸拥有完整的自然景观，因此，科佩海岸联合委员会决定不开展大规模的旅游活动，而要促进生态旅游，特别是地质旅游，这样，该地区的特色就不会受到影响。

的含化石石灰岩，最终在靠近赤道的沙漠上堆积起层层红色的砂岩。大约在7000年前，人类来到这里，开始利用这里的环境生活。现在，我们还可以看到周围散布着上几个世纪人类居住的遗迹，包括新石器时代的墓石碑坊、铜器时代的墓穴、凯尔特人的防御要塞、基督以前的碑铭以及中世纪遗迹等。

在以库姆拉山为背景的完整环境中，科佩海岸拥有壮观的景色。为此，委员会开辟了徒步旅行线路，并编制了说明书和路牌，建立了基于当地岩石的地质公园。

当地人的生活

公元前3000年，欧洲大陆的移民开始在科佩海岸定居，目前，这里的文明仍以农牧业和传统文化为主。这里通行的语言是爱尔兰语，至今已有百余年的历史，听起来仍然韵味十足。爱尔兰曲棍球和盖尔人足球是这里传统的体育项目，每个社区都有自己的球队，经常进行一些友谊比赛。

由于崇尚传统，这里的大部分原始景色得以保留下来。老式的灌木篱笆、轻巧的茅草屋随处可见。每到圣诞狂欢之夜，人们就在小酒馆里载歌载舞。古老的生活习俗也造就了良好的生态环境，大量的鸟类以及獾、狐狸等小型动物和繁茂的植物群体现了人与自然的和谐相处。

科佩海岸奇异的景色吸引了许多的旅游者。目前，科佩海岸联合委员会已经与中国的张家界地质公园签订了协议，共同开发互助旅游事业。

除了农业和传统文化，科佩海岸地区的采矿业也占有巨大的优势，"科佩"英文单词的意思就是"铜"。现在，这里已经修建了一座以采矿和矿物学为主的博物馆。

火山喷发展示的地质演化史

埃菲尔山脉

埃菲尔山脉世界地质公园位于德国埃菲尔山脉的西北部，埃菲尔高地在这里显示出它独特的地质景观：巨大的U型谷切入古老的泥盆纪沉积物，350个火山喷发中心至今还在蠢蠢欲动，向我们展示着过去4亿年的地质演化史。

埃菲尔山脉的火山活动仍在继续，从而导致了埃菲尔地区的地面正以每年1毫米的幅度缓慢上升。

埃菲尔山脉世界地质公园以其火山活动而著称。这里有大量的火口湖，经过科学研究已发现了74个，其中9个火口湖仍然充满了水，而在其他一些火山口中，长有特殊植被的泥沼替代了原来的湖泊。从火口湖沉积物可以看出，从15万年前至今，不断有火山喷出物质堆积下来，从而为研究人员提供了大量有关中欧气候、植被和地质环境的再造数据。

在火口湖中曾经发现过4300万年前的

位于埃菲尔山麓附近的火口湖呈圆形，直径约1千米，湖水最深的部分超过70米。

化石，如怀胎的原始型马或已知最古老的蜜蜂，这在全球的地质史上具有十分重要的意义。

200年来，埃菲尔山脉吸引着大批地质学家前来考察，直到现在研究工作仍在继续。

根据探测的地球物理数据显示，埃菲尔高地地表以下仍然存在火山活动的条件。根据地质学家的推测，在埃菲尔山脉中那些较年轻的火山活动可能是在大约100万年前开始发生的。在270个第四纪火山喷口中，最年轻的火山口其最后一次喷发距今只有1万年，因此可以推定，在未来不久的地质时期中，该火山很可能还会发生活动。除此之外，埃菲尔高地还以泥盆纪碎屑沉积物及中泥盆纪钙质礁而成为过去4亿年的地质演化史的最好教材。

埃菲尔山脉

埃菲尔山脉坐落在莱茵河与莫泽尔河交汇的三角地带。其中最高的山峰阿赫特峰海拔746米。埃菲尔山脉曾经是一个火山区。公元前9000～公元前8500年，这里曾有480座火山喷发着灼热的岩浆。现在我们所见的山岭和湖泊的田园景色，当时完全覆盖在灼热的熔岩之下。后来，随着火山活动的慢慢停止，火山口逐渐积下雨水，形成现今特殊的圆形湖泊，人们称之为火口湖。如今，在埃菲尔山区随处可见大大小小的宁静的湖泊，都是当年的火山口留下来的遗迹。其中道恩地区是湖泊最集中的地方，这里的大部分火口湖属于自然保护区，一些湖泊则允许人们钓鱼、划船、游泳或者冲

埃菲尔火山区的火山喷发的岩浆几乎全部是原始超基性岩浆，即二氧化硅含量低于45%的岩浆。

浪。德国埃菲尔山脉世界地质公园是欧洲地质公园网络的创始成员之一，该网络致力于保护欧洲地质遗迹，并利用其独特的景观发展地质旅游。如今，德国埃菲尔山脉世界地质公园具有完善的地质基础设施，包括200多个地质露头和5个博物馆。

火口湖

火口湖是指由死火山口的积水所形成的湖泊。火山熄灭后，冷却的熔岩和碎屑物堆积于火山喷发口周围，使火山口形成一个四壁陡峭、中央深邃的漏斗状洼地，积水后就成为火口湖。火口湖一般多呈圆形，面积小而深度大。

在花岗岩与砂岩之间漂移着的大陆

贝尔吉施-奥登瓦尔德山

贝尔吉施-奥登瓦尔德山世界地质公园位于德国西南部，占地面积约2300平方千米。公园内有一处记载欧洲中部地区大约5亿年前重大全球性历史事件的独特地层，曾被描述为"在花岗岩与砂岩之间漂移着的大陆"。

贝尔吉施-奥登瓦尔德山属于南阿尔卑斯的前沿，除了高大的山脉之外，还包括一些丘陵和湖泊。

贝尔吉施-奥登瓦尔德山世界地质公园介于美茵河谷和莱茵河谷之间，其南部与莱卡河谷毗邻，北部与被联合国教科文组织命名为麦塞尔化石坑的世界自然遗产接壤。莱茵、美茵河谷和莱卡之间的地区不仅露出各种大量的岩浆岩和沉积岩，还留下了两次全球地质构造的遗迹。第一次是造山运动形成岩浆弧——大陆碰撞的先期峡谷，第二次是莱茵河地堑的形成，代表了阿尔卑斯造山运动期间的欧洲大陆分裂的最初阶段，这在欧洲中部地区是独一无二的。因此，这一地区成为了人类研究地球历史、了解地球动力学过程的特殊窗口，具有特殊的地质学意义，2004年2月被联合国教科文组织列入世界地质公园名录。

位于公园附近的柯尼格斯湖以及加密施-帕滕基兴地区和米滕瓦尔德地区现在都是德国著名的旅游胜地。

贝尔吉施山区是莱茵河右侧片岩山区从北边的鲁尔河到南边的齐格河的一部分，最高处海拔为586米。

公园基于独特的地质背景开发了以体验为定向的地质旅游网络，它包括各种设施和地质旅游产品。当地人支持可持续的理念和吸引地质旅游的活动。

贝尔吉施-奥登瓦尔德山

贝尔吉施山和奥登瓦尔德山同属中等山脉，其中贝尔吉施山位于莱茵谷地的片岩山区，是莱茵谷地和黑森林洼地的天然隔离带。而奥登瓦尔德山位于莱茵低地以及其边缘的谷地，与黑林山、施配萨尔特山等共同形成典型的梯形地带，德国南北交通最重要的枢纽莱茵河就从台地的旁边蜿蜒而过。

贝尔吉施-奥登瓦尔德山区的高地自然环境良好，与以葡萄园和发达的旅游业为特色的莱茵河两岸的谷地相比，人烟显得稀少。但正是因为如此，才保持了它原始的自然风光。

普罗旺斯高地

法国南部西阿尔卑斯山脉外部，有一处奇特的地方，幽静的小路将地质遗迹、自然景观等浑然不同的场景完美地统一起来，没有城市文明影响的"山水艺术"运动使许多艺术家在这里重新回归自然，这就是普罗旺斯高地世界地质公园。

公园位于普罗旺斯高地的北部，与阿尔卑斯山脉接壤，为海拔400～2960千米的高地，区域内具有各种各样的自然环境，其最低处有浓香的葡萄酒产地和橄榄树生长带，最高的山峰则位于高高的阿尔卑斯山脉上。

普罗旺斯高地的地质保护区位于西阿尔卑斯山脉外部，处在南部亚高山链区域与南部倒转石灰岩区交界处。南部亚高山链经历过中等规模逆转作用，使这一地区的石灰岩区发生了早期构造演化，阿尔卑

普罗旺斯是中世纪时代封建领主纷争的地区之一，至今，在普罗旺斯中北部险峻的山区中还保有当时斗争留下的痕迹。

快活王国

普罗旺斯，在中世纪诗人的诗歌中被称为"快活王国"，今天的人们则常称它为"蔚蓝海岸"。北部的阿尔卑斯山如巨大的屏障挡住刺骨的寒风，使得这里一年四季温暖如春。沿着高地，大片的百里香和薰衣草铺展开来，弥漫着醉人的香气。梵高、毕加索、尼采都曾是这里的客人。为此，公园在这里设立了大量的艺术展览，便于人类从大自然中寻求艺术灵感，利用自然物质来表述自我需求。

公园所在地存在着大量远古的石灰岩层，石灰岩层对地球科学的研究和开展地质学教育有着重要的意义，因此，每年都有数千名学者来这里进行研究。

普罗旺斯高地

最初的普罗旺斯高地北起阿尔卑斯山，南到比利牛斯山，包括法国的整个南部区域。这里的地势和气候极富变化：天气阴晴不定，时而暖风和煦，时而冷风肆虐；地势跌宕起伏，平原广阔，峰岭险峻，寂寞的峡谷，苍凉的古堡，蜿蜒的山脉……全都汇集在这片南法国的大地上。早在罗马帝国时期，普罗旺斯就被列入其所属的省份。后来，随着古罗马的衰败，普罗旺斯又被其他势力所控制……直到20世纪60年代，法国政府才最后确定其为普罗旺斯—阿尔卑斯区。尽管历史的动荡给普罗旺斯留下了一个混淆的疆界概念，但也赋予普罗旺斯一段多姿多彩的过去，普罗旺斯将古今风尚完美地融合在一起。

斯造山运动本身对该高地影响不大。

普罗旺斯自然地质保护区包含依照1976年《环境保护法》注册的18处地质遗迹，周围是一条保护带，覆盖了总面积约2000平方千米的55个地区。

在普罗旺斯高地地质公园中，禁止采集任何化石。在注册的地质遗迹范围内，规定更加严格，甚至禁止采集天然飞禽标本。

沙斯农陨石坑是大约2亿年前的一次威力巨大的陨石撞击地球时形成的，整个陨石坑直径约1.5千米，深5千米。

古老陨石与海洋遗骸的碰撞
罗斯舒瓦尔·沙斯农陨石坑

罗斯舒瓦尔·沙斯农陨石坑世界地质公园位于法国中西部，占地1975平方千米，辽阔的土地上汇集着各种地质结构：西部是约有2.14亿年历史的罗斯舒瓦尔陨石坑，是法国目前唯一所知的陨石坑；而东部赛邦迪高沼地则为山丘中心海洋遗骸的标志。

罗斯舒瓦尔·沙斯农陨石坑世界地质公园经历过6.3亿年来地区发展史中发生的所有渐变和突变的地质作用，包括中央地块的闭合和消失、大陆碰撞、巨大陨石坑的形成及其在冰河时代所受到的剥蚀。漫长的历史造就了这里独特的地质特征：西部的罗斯舒瓦尔古陨石坑（受到深度剥蚀的冲击构造），年龄约2.14亿年，是法国唯一已知的陨石冲击坑。它完整地保存下结晶基底与冲击熔融体之间的接触

点，以及完整的冲击变质序列。在这里，游客可以观赏到保存下来的部分地质奇观。沙斯农陨石坑东部的蛇纹岩高沼地标志着中央地块海（大约6.3亿年前）的残留

陨石坑

　　陨石体以高速穿过大气层时产生的强大冲击波撞击地面或其他天体表面时产生剧烈冲击和爆炸，使撞击体自身与被撞击部位的岩石熔融和气化，抛射出基岩物质后形成的凹坑，也称陨石冲击坑或撞击坑。

部分。此外，该园区还是中世纪法国南部方言和北部方言的发祥地，有着不同的风俗习惯，从而使这里成为建筑遗址和文化遗迹的完美结合区。

公园一览

沙斯农陨石坑地质公园环境幽雅、秀美。遍地鲜花的高沼地、纵横的深谷和长满树木的丘陵，构成一幅辽阔的田园风光。园区内有低矮丘陵、落叶林和针叶林、草原和耕地、排列有序的地质遗迹和天然空地，周围环绕着树篱或树木，较高的沼泽地上生长着美丽的金雀花和蕨类植物，众多的河道通过峭壁峡谷穿越风景区。另外，公园内水源丰富，古老的维埃纳河便是见证，在中新世冲击台地（距今大约2000万年）还发现有石化热带树木。

除此之外，公园里的地层中含有丰富的金、银、钛、锡、锑等金属和石英、高岭石等矿物，为当地的各种产业提供了原材料。另外，这一地区还有大量的地下石料。自古以来，该地的人们就懂得利用这些石料建造房屋和教堂了。

世界著名陨石坑

自地球诞生之日起，陨石撞击地球的事件就屡有发生，在地球表面形成了许多巨大的陨石坑。其中位于美国内华达州的亚利桑那陨石坑是5万年前一颗直径约为30～50米的铁质流星撞击地面的结果。这颗流星重约50万千克、速度达到20千米／秒，爆炸在地面上产生了一

陨石受到撞击后爆裂成很多碎块。

个直径约1245米、平均深度达180米的大坑。据说，坑中可以安放下20个足球场，四周的看台则能容纳200多万名观众。

除此之外，墨西哥尤卡坦半岛契克苏勒伯陨石坑也十分著名，直径有198千米。"肇事者"是6500万年前一颗直径为10～13千米的小行星。

20世纪，科学家在沙斯农陨石坑附近的山地中发现了大约2000万年前的石化热带树木，这说明在远古时候这里可能是一片热带森林。

西西里岛上的伊甸园

马东尼

马东尼世界地质公园位于地中海的西西里岛上，巍峨的亚平宁山脉形成阻隔大海的巨大屏障，烟雾缭绕的火山掩映在金黄的庄稼和郁郁葱葱的葡萄园中。脚底下，地壳运动仍在进行，大地在时而轻微时而剧烈地颤抖，特殊的地质遗迹和考古遗迹缓缓地讲述着一个古老的故事。

马东尼世界地质公园的历史始于2亿年前，主要是由相当于目前撒丁岛的位置上的海盆中的沉积物形成的。后来，在大约1.5亿年的时间内，由于某些部分沉没而其他部分上升，该海盆开始变得千姿

亚平宁山脉是意大利半岛的主干山脉，它西起阿尔卑斯山附近的卡迪蓬纳山口，向南延伸至西西里岛以西的埃加迪群岛，全长约1400千米。

百态，后来在地球腹地形成了陆源沉积物、蒸发沉积物和碳酸盐沉积物，其上覆盖着钻石般的珊瑚礁和盐类。

如今，在这片面积为400平方千米的地区的中心，公园里的群山是意大利大陆上的亚平宁山脉的最后一个分支；巍峨的群山形成阻隔大海的屏障，特殊的地质遗迹和考古遗迹、神奇的景观以及野生动植物保护区向人们昭示着一个远古的文化传说。

马东尼世界地质公园地区的山脉多是由山地和丘陵组成的年轻褶皱带，地壳极不稳定，多火山和地震。

西西里岛

西西里岛位于意大利最南端，面积2.5万平方千米。曾有人这样比喻：如果意大利是一只靴子，西西里岛就是靴尖前端镶嵌的一块宝玉，漂浮在蔚蓝的地中海。岛上蕴含着丰富物质，气候宜人，还有特长的海岸线、希腊神殿遗址、欧洲最大的活火山……特殊的地理位置使得西西里岛极易受到外来力量的攻击，从公元前5世纪开始，它就成为希腊人和罗马人争夺的战略重地。公元9世纪，阿拉伯人占领了西西里岛，开始了长达250年的统治。多种文化的交集使得西西里岛成为地中海文明的中心。

地中海的心脏

西西里岛位于地中海的中心，历史上曾被称为"金盆地"。西西里岛迷人的自然风景与人文风景非常和谐地融合为一体，希腊人、古罗马人、拜占庭人、阿拉伯人、诺曼人、施瓦本人、西班牙人都曾是这片土地的主人，正是因为如此，也创造了灿烂的西西里文明，使之成为地中海的心脏。

西西里岛的北岸是美丽的沙滩，每年都有大批的游客前往，而南岸则多是陡峭的石头海岸，因此游人十分稀少，但这样却保证了它的原始自然风貌。

莱斯沃斯石化森林

在希腊爱琴海东北部的莱斯沃斯岛上，有一片保存完好的石化森林，大量根系完整、发育良好的直立石化树木依偎着碧蓝的爱琴海，重重的海浪缓缓地剥蚀着这些远古植物的石化残留物，见证了2000万年以来爱琴海的历史变迁。

硅化木其实也是化石的一种，它的形成过程就是硅取代木质纤维的过程。

阿波罗神殿遗址位于爱琴海中部的提洛岛上，现在仅存石墙和石柱，与莱斯沃斯石化森林遥遥相对。

莱斯沃斯岛上有一系列的火山，频繁的火山活动导致火山碎屑物质从东向西流动。这些火山碎屑物质覆盖了辽阔的地区，并掩埋了当时莱斯沃斯岛西部生长的茂密森林。由于火山碎屑物质移动迅速，森林中的树干、树枝和树叶几乎顷刻间就被掩埋。同时由于火山碎屑将植物纤维与外界环境相隔绝，确保了碎屑矿物中强烈的热液流体循环，使植物纤维在最佳条件下发生了完整石化。实质上，这种石化作用是由无机物逐个分解置换掉有机植物物质的过程。因此，植物的形态特征和树木的内部结构被完好地保存下来。如今，火山岩受到了自然剥蚀，显露出给人深刻印象的直立的和倒下的树干。

地质历史的天然见证

构成有名"石化森林"的硅化木的最著名聚集地位于锡格里、安蒂斯萨和埃雷索斯地区。在这些地方，除石化树干外，还有保存完好的石化树根、果实、树叶和树种。大量根系完整、发育良好的直立石化树干，证明了这些树木都是在其原始位置上石化的。可以说，它们为人们提供了

大量有关远古植物群的组成特征以及气候条件的信息，是爱琴海盆地至少2000万年的地质历史的天然见证。由于意识到该地区具有重大的环境学、地质学和古生物学价值，希腊政府宣布莱斯沃斯石化森林为"自然保护纪念地"，并将其开辟成国家公园以便更好地对它进行保护和研究。莱斯沃斯地质公园中建有莱斯沃斯石化森林自然历史博物馆，该馆陈列着各种各样的展品，以十分生动的形式展示出爱琴海的地质演化过程。

远古时期的植物形成硅化木的概率只有几千万分之一，像莱斯沃斯石化森林这样不但保存完整而且面积巨大的硅化木可以说是人类最宝贵的资源和自然遗产，具有极高的科学价值。

第二章
中国国家地质公园篇
Part 2
Chinese National Geoparks

国家地质公园是融合自然景观与人文景观的自然公园，有特定的地质科学意义和独特的地质景观，具备旅游休闲的功能。中国国家地质公园是由国务院国土资源部正式批准授牌的，比较著名的有黑龙江五大连池、河南云台山、河南嵩山、安徽黄山、湖南张家界、江西庐山、云南石林和广东丹霞山地质公园等。这一章详细介绍了我国丰富的地质景观，带你走近古老而神秘的地质遗产：火山喷发形成的五大连池，罕见的北方岩溶地貌景观云台山，美甲天下的黄山，中国第四纪冰川学说的诞生地庐山……

中国的火山博物馆

黑龙江五大连池

火山是一个由固体碎屑、熔岩、熔岩流或穹状喷出物围绕其喷出口堆积而成的隆起的丘或山。火山喷出口是一条由地幔或岩石圈到地表的管道。中国目前已建立了12个火山地貌景观类型的国家公园，但只有黑龙江五大连池被选入世界地质公园之列。

老黑山山顶上有一个百米左右深的漏斗型火山口，火山口内寸草不生。

五大连池位于黑龙江省德都县境内，距哈尔滨市413千米。1719～1721年，纳谟河中游的两座火山——老黑山和火烧山曾多次喷发，火山喷泻的熔岩流堵塞了纳谟河支流白河的河道，陆续形成了五个互相连通的熔岩堰塞湖，因其形如串珠状，故称"五大连池"。

在五大连池周围，分布有14座火山和60多平方千米的熔岩台地。这是一组休眠的火山群，为我国最新期火山，保存了非常完整的火山地质地貌。人们可以在这里观察完好的火山口和各种火山熔岩构造及浩渺的熔岩海，堪称火山奇观。所以，这一带也被称为"火山公园"或"自然火山博物馆"。

五大连池是我国第二大火山堰塞湖，景色尤佳，是著名的火山游览胜地。

五大连池火山群

五大连池火山群是中国著名的第四纪火山群。一般认为它由14座火山组成。如果包括火山区西部的莲花山在内，五大连池火山群应由15座火山组成，火山岩分布面积达800多平方千米。其中，近期火山包括老黑山和火烧山两座火山。这两座火山均由高钾玄武质熔岩岩盾和锥体构成，总面积约68.3平方千米。

老黑山坐落在呈波状起伏的丘陵低地及白河河谷之上，是五大连池火山群里比高最大的一座火山锥体，海拔515.5米，高出地面165.9米，山表总面积约58.8平方千米。其平面形态受熔岩流溢出方向、溢出量及古地形的制约，总体呈不规则盾状。

火烧山位于老黑山东北约3千米处，叠覆在老黑山熔岩东北边缘之上，海拔340米，面积9.5平方千米。熔岩流主体向北流淌，火山锥坐落其上。火烧山是一个塌陷的火口，火口内壁陡峭，火口底低平。老黑山和火烧山代表了富钾火山岩带的最新活动，从1719～1721年喷发至今，还不到300年。此外，它们还是我国活火山中有历史记载的、喷发时间和地点最为确切的一处活火山。

矿泉"圣水"

老黑山与火烧山的喷

老黑山是五大连池中最年轻的火山，山坡上堆满了火山渣。

发不仅造就了奇特的五大连池地貌，还带来了丰富的矿物质。五大连池的矿泉水与法国维希矿泉、俄罗斯北高加索矿泉并称为"世界三大冷矿泉"。这里的矿泉水可用作生活用水和医药用水，被誉为"神水"、"圣水"。每年的端午节，当地的人们都会聚集在五大连池的饮泉旁，一起欢度隆重的饮水节。等零时一到，人们便争相从供水管中取水饮用，并互相祝福。传说，端午节零点的矿泉水象征吉祥，喝到这个钟点的水，能辟邪免灾。

云台山红石峡谷温盘峪峡谷幽深，峭谷深切，在谷底仰头望天，只有一线

潭瀑川云台山

云台山位于河南焦作市境内。汉献帝曾在此修建避暑台和陵基；流传千古的魏晋"竹林七贤"曾在此地的竹林里酣歌纵酒；唐代药王孙思邈在此采药炼丹留下的遗迹，以及众多文人墨客的碑刻、文物，形成了云台山丰富深厚的文化内涵。

云台天瀑脚下有一块波痕石，石上有非常明显的整齐起伏的纹路。这种波浪状的纹理在地质学上叫"波痕"。

岩溶地貌又称喀斯特地貌，是具有溶蚀力的水对可溶性岩石进行溶蚀等作用所形成的地表和地下形态的总称。在我国，岩溶地貌分布十分广泛，主要集中在南方的广西、贵州、云南等省区，如广西的桂林山水、云南的路南石林等驰名中外。岩溶地貌的风化作用依赖充沛的降雨和茂盛的植被，所以成熟的岩溶地貌都形成于潮湿的热带地区。我国北方降水偏少，而且气候寒冷，并不利于岩溶地貌的发育。

但大自然的手笔往往令人称奇，在温度较低且气候干燥的云台山地区，却发育有大片罕见的岩溶地貌。深邃幽静的沟谷溪潭，千姿百态的飞瀑流泉，形态各异的奇峰异石，形成了云台山独特完美的自然景观。

魏晋时期，"竹林七贤"常在百家岩下的竹林中饮酒吟诗。

红石峡·老潭沟峡

红石峡，即温盘峪，可谓云台山最美的景点，它位于子房湖的南侧，是由紫红色的、含铁元素的石英砂岩形成的红色峡谷，故称红石峡。峡谷内冬暖夏凉，温度常年保持在25℃左右，故而这里又被称作温盘峪。

峡谷内分布着首龙潭、黑龙潭、青龙潭、幽瀑、穿石洞、孔雀开屏等景观，峡谷两岸的瀑布多达9条，被称为"九龙瀑布"。峡谷最宽处20多米，最窄处不到5米，抬头望只能见到一线天，被称为"一线天"。

老潭沟是云台山的又一典型景点。老潭沟总长约2.5千米，两岸高峰耸立，满目青翠。老潭沟的尽头是我国落差最大的瀑布——云台飞瀑。该瀑布是云台山地质公园的标志性

景观，落差达314米，远远望去宛若一根白色的擎天巨柱。

茱萸峰·百家岩

茱萸峰又称小北顶，因峰顶长满茱萸而得名。茱萸又被称为"辟邪翁"，在唐代，插茱萸之风盛行。人们认为在重阳节这一天插茱萸可以避难消灾。有的人把茱萸放在香袋里，称为茱萸囊，还有人将茱萸插在头上以辟邪。

相传，唐代诗人王维的《九月九日忆山东兄弟》就是诗人在重阳节这天登上茱萸峰后有感而作。登上茱萸峰的峰顶，但见云雾缭绕，恍若置身仙境。峰腰有深约30米的药王洞，相传是唐代药王孙思邈采药炼丹的地方。

在云台山，人们还可

以见到一面著名的岩墙——百家岩。此处岩石颜色发红，高约170米，长约510米，岩墙的隙缝里松柏苍翠，古人称此处为"柏岩"，又因岩下平坦，可容百家而称其为"百家岩"。魏晋时期，刘伶、嵇康、阮籍、山涛、向秀、王戎和阮咸七位文人，因厌倦官场的腐败黑暗而避世于此。他们曾在百家岩下的竹林里修身养性，吟诗作赋，在此生活了20多年，被称为"竹林七贤"。他们在此留下了"刘伶醒酒台"、"嵇康淬剑池"等遗迹。

大自然的鬼斧神功造就了钟灵毓秀的云台山水，这里的每一道泉流，每一块石头，都是有血、有肉、有活泼生命的东西，令人慨叹不已。

五代同堂·禅武圣地

嵩山构造地层地质公园

"在不到20平方千米的范围内,有地壳演化早期阶段的三次全球性构造运动,这三次构造运动是嵩山独一无二的,咱们国家其他地区在小范围内没有,世界上在小范围内也同样没有。"——一位中国地质专家

嵩山位居五岳之中,东西绵亘约75千米,宽约10千米。中心山脉位于河南省登封市境内,分两支,东为太室,西为少室。太室山主峰峻极峰海拔1494米,少室山主峰连天峰海拔1512.4米。相比之下,嵩山没有华山的奇险,没有泰山的威严,没有黄山的秀美,但却蕴藏着惊人的地质奇观。这里发育着集典型、稀有、系统、完整性于一身且不可再生的珍贵地质遗迹,是研究地壳演化规律、追溯地球演化历史的理想场所,因此被批准为世界地质公园。

藏经阁又名法堂,明代始建,毁于1928年,1994年重建。它是少林寺寺僧藏经说法的场所。

"日出嵩山坳,晨钟惊飞鸟,林间小溪水潺潺,坡上青青草……"少林寺的秀丽景色早已从这首优美的《牧羊曲》里栩栩如生地萦绕心怀。

五代同堂

自地球诞生以来,已经历了至少46亿年的历史。地质学家和古生物学

家根据地层自然形成的先后顺序，将地层分为5代，即太古代、元古代、古生代、中生代和新生代。在漫长的地球演化历史中，地壳经历了种种地质作用和地质事件。

嵩山最古老的岩石系形成于23亿年前，此前，这里曾是一望无际的大海。岩石系在先后经历了几次大的地壳运动后，逐渐形成了嵩山山脉。

嵩山的地质构造以其岩石年代古老、构造复杂、地壳发育完整、出露良好而闻名。嵩山完整出露着全球绝无仅有的五个地质历史时期的变质岩和沉积岩地层序列，被地质学家誉为"五代同堂"的天然地质博物馆。

地质地理条件复杂的嵩山，在经过漫长的地质作用后，形成了如今独特的地质特征和景观：典型的地层层型剖面，古老的动植物化石，壮观的悬崖瀑布，峡谷

沟壑，奇峰异石等。这些自然景观各具特色，多彩多姿，引人入胜。

禅武圣地——少林寺

少林寺是中国著名佛寺，也是享誉世界的禅宗祖庭和少林武术发源地。它位于河南省登封市西北13千米处的嵩山腹地。因寺院处于少室山阴，竹木蔽翳，故名少林寺。北魏孝文帝太和十九年（495），来东土传经的印度游方高僧跋陀在嵩山建立少林寺。约30年后，又有一位印度高僧来到嵩山，成为中国禅宗的开创者。他的名字叫达摩。

只要说到少林寺，几乎所有人都会首先想到少林武术。据少林寺内流传下来的拳谱记载，少林功夫套路共有708套，其中拳术和器械552套，另外还有七十二绝技、擒拿、格斗、卸骨、点穴、气功等各类功法156

少林寺塔林是少林寺历代僧人的坟茔，集中了自唐迄清1000多年来各种不同艺术造型和雕刻艺术的古塔228座，形似参天巨木，势如茂密森林。

套。这些内容按不同的类别和难易程度，有机地组合成一个庞大有序的技术体系。少林功夫具体表现为以攻防格斗的人体动作为核心、以套路为基本单位的形式。动作的设计和组合套路，都建立在中国古代人体医学知识的基础之上，合乎人体的运动规律。少林功夫以其悠久的历史、完备的体系和高超的技术境界独步天下。但由于少林寺从其本质意义上来说是一座禅寺，因此，少林功夫对于少林僧人来说不过是健身和自卫的手段而已。

"石韫玉而山辉，水怀珠而川媚。"嵩山以它诱人的山川风貌、灿烂的古老文化、天然的地质博物和精湛的少林功夫，在中国的名山中独树一帜。

少林功夫的传习是严格按照师徒关系进行的。它与少林寺传统的宗法门徒制度及少林禅学融合在一起，俗称"一脉单传"。

仙境黄山

黄山在影片和山水画中是静静的，仿佛天上仙境，好像总在什么辽远而悬空的地方；而当身历其境，置身其中之时，则会感到神思飞越，浮想联翩，仿佛进入了梦幻世界……

黄山位于安徽省南部，古称黟山，因传说轩辕黄帝曾在此修炼而在唐天宝六年（747）改名黄山。明代地理学家徐霞客曾两游黄山，留下"五岳归来不看山，黄山归来不看岳"的赞誉。古人还有"天下名景集黄山"之说，意即天下名山有的优点，黄山都具备。事实也的确如此，黄山兼有泰山之雄伟、华山之峻峭、衡山之烟云、匡庐之飞瀑、雁荡之奇巧、峨眉之清凉；同时又是峰峰形似刀削、色同苍玉，并且常年被烟云所缭绕，给人整体的感觉是"奇、伟、幻、险"。

黄山松为松科长绿乔木，分布在海拔800～1800米以上的山体上，盘结在危岩、峭壁、山脊上，展现出顽强的生命力。

第四纪冰川时期，尖硬的冰层挟着砂石，冲刷掉风化的岩石，自然之力似无数把锋利的刻刀雕琢着各种岩体。

黄山的前世今生

根据地质学家的研究，早在约2.3亿年前，黄山所在的地区曾是一片汪洋。后来，海水逐渐干枯，陆地渐渐出露。经过一次大的地质运动后，此处完全变成了陆地。约1.43亿年前，黄山地区的地壳较为薄弱，地下的炽热岩浆沿着岩石之间的缝隙上侵，并在距地面3~6千米处冷却下来，形成了大量的花岗岩。大约6500万年前，黄山地区发生了一次大规模的地壳运动，花岗岩岩体发生了强烈的隆升，地壳开始产生间歇性抬升。随着地壳的抬升，地下岩体及其盖层遭受风化、剥蚀，同时受到来自不同方向的各种地应力的作用，在岩体中又产生了不同方向的节理（即岩石的裂缝）。距今约175万年以来，地壳继续间歇性上升，逐渐形成了今天的黄山地貌。

在黄山的岩体中，由于在矿物组分、结晶程度、矿物颗粒大小、抗风化能力和节理的性质、疏密程度等多方面存在差异，形成了鬼斧神工般的黄山美景。

三奇四绝

奇松、怪石、云海被誉为黄山"三奇"，加上温泉，合称黄山"四绝"，名冠于世。劈地摩天的奇峰、玲珑剔透的怪石、变化无常的云海、千奇百怪的苍松，构成了黄山无穷无尽的神奇美景。

傲骨奇松 "四绝"之首

当属千姿百态的黄山松。黄山绵延数百里，千峰万壑，虽峰头不着寸土，但却是松的海洋，峰峰石骨峰峰奇松。说它奇，一在状之异，黄山松非同一般松千篇一律、千树一貌，而是形态迥异、个性非常；二在居之险，黄山松大都生长于海拔800~1800米的高山上，以石为母，破石而生，傍石而长，盘结于危岩峭壁之上，挺立于危崖绝壑之中，显示出顽强的生命力；三在寿之长，据说黄山松多寿达百年以上，少数古松甚至寿达千年。黄山松美得奇又奇得绝。黄山最著名的迎客松挺立于玉屏峰东侧，寿逾800年，树高10米左右，树干中部伸出长达7.6

黄山终年有200多天云雾缭绕。千变万化的云海，为黄山蒙上了一层神秘的面纱。

自盛唐以来，各路名流雅士争做黄山的大块文章。千余年来，他们倾尽笔墨绘写山水的灵动之气，却依然意犹未尽。

米的两大侧枝展向前方，恰似一位好客的主人展开双臂，热情欢迎海内外宾客来黄山旅游；又有送客松，虬干苍翠，侧伸一枝，形似作揖送客。天都峰的峰顶有一棵古松悬在危崖上，一侧枝干很长，倾身向海，犹如苍龙探取海中之物，名为探海松。

山头"赶海"　　每当云雾弥漫群峰，黄山便成为"海"的世界，俗语称之为"云海"。山谷云雾升起，悄然而至，遮掩群峰。极目远舒，云海浩瀚无际。大大小小的峰尖犹如孤岛，你会惊异身在山头却宛若伫立于海洋之中。几百里山谷烟云汇成大海，又凭借着气流回旋，升腾跌宕。风平浪静时，万顷云海波平似镜，映出近处山影如画，远处千舟竞发。风起云涌时，白浪飞溅，汹涌澎湃，席卷群峰。风动云动，时聚时散。浓重时，奇峰犹抱琵琶半遮面；清淡处，一抹阳光描金绘彩。云海之美幻并非言语所能表达，有如前人对联所述，"岂有此理，说也不信；真正妙绝，到此方知"。

黄山温泉　　古之名"汤泉"、"汤池"、"朱砂泉"。温泉实为碳酸泉，水中以含重碳酸盐为主，并含钠、镁、钙等阴、阳离子和元素气体，水质纯正。温泉又有"灵泉"之称，民间传说黄山有一位心地善良的姑娘，她上山采药时，在温泉边救下一只受伤的小鹿。小鹿为回报姑娘，从山上衔回一枝灵芝草，投入温泉中，从此温泉就能医治百病了。又传说当年轩辕黄帝在黄山炼丹成功后，服下仙丹，躺在温泉里睡了七天七夜，醒来已脱胎换骨，鹤发童颜。不过温泉香浴，确有祛病健身的疗效。唐代诗人贾岛有《纪温泉》一诗："一濯三沐发，六凿还希夷。伐马返

"飞来石"是黄山第一奇石，有人说它是第四纪冰川的遗迹之———冰川漂砾地貌，也有人说它是花岗岩风化的结果。

骨髓，发白令人黪。"

奇峰怪石 莲花峰、光明顶、天都峰为黄山三大主峰，海拔高度均在1800米以上，并以三大主峰为中心向四周铺展，跌落为深壑幽谷，隆起成峰峦峭壁，呈现出典型的峰林地貌。"峰奇石奇松更奇，云飞水飞山亦飞"。天都峰海拔1810米，峰顶平整如掌，有"登峰造极"石刻，中有天然石室可容纳百人。另有莲花峰，海拔1873米，为黄山第一高峰。由于黄山花岗岩体垂直节理发育良好，断裂和裂隙纵横交错，形成许多瑰丽多姿的花岗岩洞穴与孔道。黄山有无数灵幻奇巧的怪石，它们是远古时代火山和冰川留下的雕塑杰作。其中著名的怪石有："猴子观海"，那是狮子峰顶的一块巨石，犹如蹲在地上的猴子在观看前面的茫茫云海；"鲫鱼背"，从天都峰脚，手扶铁索栏杆，沿"天梯"攀登1564级台阶，至海拔1770米处有一石，石长10余米，宽仅1米，犹如鲫鱼之背，两侧万丈渊谷，深不可测；"醉石"，温泉至汤岭道中有一巨石斜立，

黄山四千仞，三十二莲峰。丹崖夹石柱，菡萏金芙蓉。伊昔升绝顶，下窥天目松。仙人炼玉处，羽化留余踪。
——唐·李白《送温处士归黄山白鹅峰旧居》（节选）

上刻"醉石"两字，旧传李白曾在这里饮酒听泉，乐而忘返，醉卧石旁，所以名为醉石。这是一块不生根的花岗岩"转石"，兀立溪旁，与附近山峰不相连。在其高约5米的横断面上，可见互相平行的垂直裂隙，与附近山峰倾斜的似层状裂隙迥然不同，因此断定为"外来客"；"梦笔生花"，北海散花坞左侧，有一孤立石峰，顶巅巧生奇松如花，故名"梦笔生花"；"飞来石"，在平天矼西端的峰头上，有一巨石耸立。巨石高12米，长7.5米，宽1.5米至2.5米，重约360吨，其下为岩石平台。岩石与平台之间的接触面很小，上面的石头像是从天外飞来的一样，故名"飞来石"。

"登黄山，天下无山，观止矣！"黄山以其博大神奇、优美秀丽的风貌成为中国的名山之魂。

雾凇是黄山冬季的著名景观。每逢严寒隆冬，满山玉树银花，在灿烂阳光中晶莹闪烁，蔚为奇观。

秋意盎然的张家界浑朴中略带狂狷之气，危岩绝壁，雍容大气

流水琢群峰　天然去雕饰

张家界砂岩峰林地质公园

千百座砂岩岩峰挺立着，肃穆、宁静、壮阔、气势雄伟。一柱柱阳光在岩峰间斜射，一缕缕云雾在岩峰间升腾。这就是张家界砂岩峰林——大自然在地球上独一无二的大创造！

张家界位于云贵高原东北部与湘西北中低山区过渡地带的武陵山脉之中，海拔300～1300米，面积约398平方千米。这里奇峰林立，森林莽莽，沟壑纵横，山溪秀丽，云雾缭绕，变化万千。这绝美的自然景观一直深藏在湘西北的崇山峻岭中，无人知晓。1979年，著名画家吴冠中和香港摄影家陈复礼来到张家界。面对如此大好河山，吴冠中兴奋不已，灵感涌动，提笔挥就《自家斧劈——张家界》的传世作品，并乘兴写下《养在深闺人未识》一文，赞美这颗"失落在深山的明珠"。从此，张家界开始名扬海内外。

张家界与武陵源

常德旧称武陵郡。秦以前，现时的张家界风景区属黔中地，自汉以来归武陵郡管辖。张家界所在的武陵源景区处云贵高原余脉武陵山，由张家界国家森林公园和索溪峪、天子山两大自然保护区组成。这里拥有世界上罕见的砂岩峰林地貌，藏峰、桥、洞、湖、瀑于一身。张家界开发之初，核心景区分属大庸、慈利、桑植三县管辖。1984年，湘西籍著名画家黄永玉提议把天子山、索溪峪、张家界这片如"世外桃源"般的景区命名为"武陵源"。同年10月，正式设立"武陵源风景名胜区"。1992年，武陵源景区加入"世界自然遗产"大家庭，与美国黄石国家公园、科罗拉多大峡谷等著名世界自然遗产并称"地球最后的奇迹"。2004年2月，张家

界又以不可多得的地理特质——石英砂岩峰林峡谷地貌，成为我国首批世界地质公园之一。它保存了几乎未被扰动的原始自然状态的生态环境与生态系统。

张家界曾是汪洋大海

人们常用"沧海桑田"来形容岁月悠悠，世事难料。其实，随着地壳运动，海底的岩层上升为陆地，原来的陆地又沉入大海，这种"沧桑之变"是地球上再正常不过的纯自然现象。当我们站在张家界惊叹大自然的鬼斧神工时，才知道今天的风光经历了3亿8千万年的漫长洗礼。亿万年前的张家界曾是一片波涛翻腾的汪洋大海，日月升沉，斗转星移，沧海桑田，大量死去的海洋生物堆积为土，凝结成岩，终于在最后一次"燕山运动"中升出海面，从而有了

这个原始生态体系的砂岩峰林峡谷地貌，变幻出今日的奇峰异石、溪绕云谷、绝壁生烟。在天子山出产着一种龟纹石，属湖南两大名石之一，它实际上就是生长在大海中的珊瑚化石，真实地记录了张家界沧海变高山的历史。

流水削出砂岩峰林

张家界砂岩峰林地貌

■ 张家界的森林覆盖率极高。

■ 张家界以岩称奇。这里的奇峰，拔地而起，形态各异。

被联合国教科文组织誉为"无价的地理纪念碑"，是非常典型的石英砂岩峰林地貌：石奇峰秀、寨高台平、壁险峡幽、水碧山清。石英砂岩因颗粒均匀，结构细密，具有很强的抗蚀能力，所以能昂然挺立，直插云霄。其发展演变经历了平台、方山、峰墙、峰丛、峰林、残林几个主要阶段。区内泥盆纪（距今3.5亿～4亿年）厚层石英砂岩，岩层产状平缓。北东向、北西向和南北向三组垂直节理发育，受重力崩塌及雨水冲刷等内外地质动力作用的影响，形成了峰林、峰柱、方山、石林、峡谷、嶂谷、幽谷等奇特的砂岩峰林地貌景观。由于暴露时间的长短和节理裂隙发育程度的不同，造就出石山、石墙、石柱、石峰、石门、天生桥等奇峰异石，鬼斧神工，形态各异，仿佛一座天然的艺术宫殿。区内共有砂岩峰柱3000余座，伟岸挺拔，蔚为壮观。石柱之上多生有松树、银杏等，枝繁叶茂，盘根错节，物种繁多。在360多平方千米的面积中，据航测所知有山峰3100多座，垂直400米以上的石峰就有1000余个。这里的石峰与别处不同，直立而密集。3000多座石英砂岩柱从平地、溪边拔地而起，或从半山腰，甚至山峰本身分出来，粗者如城堡，细者如长鞭；有的似人，有的像兽；或列成方阵，或汇成峰海，景色随气候、季节的变化而不断变换，给人以层峦叠嶂的磅礴气势与恢宏大观之感。天子山、张家界有80多处观景台，在那里可以静观细赏峰林美景。其

索溪峪中的"十里画廊"为一长峡谷，两侧群峰组成了一尊尊天然雕塑。

张家界景区内三千奇峰拔地而起，八百溪流蜿蜒曲折，被中外游人誉为"扩大的盆景，缩小的仙境"。

他尚有方山、岩墙、天生桥、峡谷等造型地貌以及发育在三叠纪石灰岩中的溶洞景观。

壮美风光

张家界风景区是武陵源的主要组成部分。它东与慈利县的索溪峪交界，北与桑植县的天子山毗连，风光秀丽、原始、奇特、清新。张家界漫山遍野，处处入眼的是茂密的山林。生长了几千年的森林一直无人砍伐，森林覆盖率高达97.9%，被誉为"活化石"的水杉、银杏、珙桐、龙虾花等古稀植物比比皆是。雉鸡、穿山甲、猴面鹰、红嘴相思鸟、猕猴、飞虎、大鲵等珍禽异兽亦常出没于林中涧边。20世纪80年代初，专家考察武陵源时曾慨叹这里是动物的"避难所"，又是植物的

张家界秀美、原始、幽静，是大自然的迷宫，也是中国画的底本。

"基因库"，堪称一座"自然博物馆和天然植物园"。张家界风景的另一大特色是云水景观丰富，经常可以看到流动的云带、云烟以及壮阔的云湖、云海、云涛和云瀑等胜景。因雨量丰沛，沟谷遍布，景区内流泉、石潭、绿涧、飞瀑随处可见。与自然风光相映成趣的是纯朴的田园风光。这里是土家族、白族、苗族等少数民族的聚居地，一块块梯田，一间间房舍星星点点散落在青山绿水间，绿树四合，炊烟袅袅。

索溪峪自然保护区在张家界东面，总面积200平方千米，因有溪水状如绳索而得名。这里山奇、水秀、桥险、洞幽。峰，起伏错落，卓然成趣；水，泉清瀑美，千姿百态；洞，幽深神秘，其妙无比。天子山自然保护区在桑植县境内，南邻张家界，东接索溪峪，主峰海拔

高远悠深的天空下张家界一派宁静、平和、迷蒙。

1256米。从这里举目远眺，武陵千山万壑尽收眼底。区内石英砂岩峰林耸立，亚热带常绿阔叶原始次生林遍布其间。众多的泉瀑水景是天子山风景的一大特色，从红砂岩中流出的彩瀑更是一绝。云雾、霞日、月夜、冬雪是天子山的四大奇观，其中云雾在天子山最为多见。每当雨过天晴或阴雨连绵的日子里，幽幽山谷中生出了云烟，云雾缥缈在层峦叠嶂间。云海时浓时淡，石峰时隐时现，景象变幻万千。

在中华大地数不清的大自然景观中，张家界是发现得最迟的风景区之一。但它却是我国第一个国家森林公园。一旦向整个世界展示它全部的美丽，便有一种神奇的力量，吸引人们去探寻它的美，理解它的美，欣赏它的美。

中国第四纪冰川学说的诞生地

诗画庐山

巍巍庐山，远看有如一山飞峙大江边，近看千峰携手紧相连，横看铁壁钢墙立湖岸，侧看擎天一柱耸云间。正如宋代大文豪苏东坡诗云："横看成岭侧成峰，远近高低各不同。不识庐山真面目，只缘身在此山中。"

庐山全年多雾。

庐山位于长江中游南岸江西九江市南，北濒长江，东临鄱阳。相传在周朝时有匡氏七兄弟上山修道，结庐为舍，由此而得名，自古享有"匡庐奇秀甲天下"之盛誉。庐山之大山、大江、大湖浑然一体，险峻与柔丽相济，素以"雄、奇、险、秀"闻名于世。早在1200多年前，唐代著名诗人李白便这样赞美庐山："予行天下，所游山水甚富，俊伟诡特，鲜有能过之者，真天下之壮观也。"

含鄱口面向鄱阳湖，仿佛一张大口吞吐滔滔湖水。含鄱岭上有含鄱亭一座，为观日赏月的佳处

庐山地貌

庐山是一座地垒式断块山，外险内秀，有河流、湖泊、坡地、山峰等多种地貌。它还是中国第四纪冰川发育的典型地区，享有"世界地质公园"的称号。主峰大汉阳峰海拔1474米，四周围绕的群峰之间散布着道道沟壑、重重岩洞、条条瀑布、幽幽溪涧，地形地貌复杂多样。水流在河谷发育裂点，形成许多急流与瀑布。著名的三叠泉瀑布，落差达155米。

庐山地质构造复杂，形迹明显，展现出地壳变化的主要过程。第四纪庐山上升强烈，许多断裂构造形成众多山峰。庐山上升之际，周围相对下陷，鄱阳湖盆地进一步发展，形成鄱阳湖。北部以褶曲构造为主要特征，形成一系列谷岭地貌；南部和西北部则为一系列断层崖，形成高峻的山峰。山地中分布着宽谷和峡谷，外围则发育为阶地和谷阶。由于断层块构造形成的山体多奇峰峻岭，所以庐山群峰有的浑圆如华盖，有的绵延似长城，有的高摩天穹，有的俯瞰波涛，有的像船航

庐山脚下的庐林湖湖面宽阔，翠木环绕，山清水秀。

巷海，有的如龟行大地，雄伟壮观、气象万千。山地四周虽满布断崖峭壁、幽深涧谷，但从牯岭街至汉阳峰及其他山峰的相对高度却不大，起伏较小，谷地宽广，形成"外陡里平"的奇特地形。

庐山处于亚热带季风区，雨量充沛，气候温和宜人，是盛夏季节高悬于长江中下游"热海"中的"凉岛"。庐山的年降水量可达1950～2000毫米，而山下的九江则为1400毫米左右，因此山中温差大，云雾多，千姿百态，变幻无穷。从山下看山上，庐山云天缥缈，时隐时现，宛如仙境；从山上往山下看，脚下则云海茫茫，有如腾云驾雾一般。优越的自然条件使得庐山植物生长茂盛，植被

丰富。随着海拔高度的增加，地表水热状况垂直分布，由山麓到山顶分别生长着常绿阔叶林、落叶阔叶林及两者的混交林。据不完全统计，庐山植物有210科、735属、1720种，分为温带、热带、亚热带、东亚、北美和中国等多种类型，是一座天然的植物园。

庐山与中国山水文化

"苍润高逸，秀出东南"的庐山，自古以来深受众多的文学家、艺术家的青睐。自东晋以来，诗人们以其豪迈激情、生花妙笔歌咏庐山的诗词歌赋有4000余首。东晋诗人谢灵运的《登庐山绝顶望诸峤》是中国最早的山水诗

之一，庐山也由此成为中国山水诗的发祥地之一。诗人陶渊明一生以庐山为背景进行创作，他所开创的田园诗风，影响了他以后的整个中国诗坛。唐代诗人李白五次游历庐山，为庐山留下了《庐山遥寄卢侍御虚舟》等14首诗歌，他的《望庐山瀑布》同庐山瀑布千古长流，成为中国古代诗歌的极品。宋代诗人苏轼的《题西林壁》中的"不识庐山真面目，只缘身在此山中"，成为充满辩证哲理的名句。唐代诗人白居易的《大林寺桃花》一诗，造就了一处庐山名胜——花径。他在庐山筑有"庐山草堂"，所撰的《庐山草堂记》是记述中国古代山水园林的名作。宋代理学家朱熹在庐山复兴白鹿洞书院，并使其成为中国古代四大书院之首。从此，理学在这里千秋耕耘。山水诗在庐山大放光彩，山水画亦在庐山一展风流。东晋画家顾恺之创作的《庐山图》，成为中国绘画史上第一幅真正的山水画，即第一次以山水为画面的主体和主要表现对象。从此历代丹青大师以纸墨为载体，开始了对山水美感境界的表述。文人墨客对庐山抒情写意，浓墨重彩，使庐山积淀了丰富的文化内涵。科学家们对庐山进行科学探求，揭示其美的真谛。现代地质学家李四光以庐山第四纪地质地貌为研究对象，发表了《冰期之庐山》等一系列研究著作，从而开创了中国第四纪冰川学说。

庐山与第四纪冰川

庐山在10亿年前就开始了它的发展史，记录了地球的地壳演变史，承载过地球曾发生的一次次惊心动魄的巨变：海陆的轮番更替、地壳的缓慢沉积、气候的冷热交替、生物的生死嬗递、燕山运动的山体崛起、第四纪冰川的洗礼等等。庐山是存留第四纪冰川遗迹最典型的山体：大坳冰斗、芦林冰窖、王家坡U形谷、莲谷悬

李白的一首《望庐山瀑布》使得匡庐瀑布天下闻名。

谷、犁头尖角峰、含鄱岭刃脊、金竹坪冰坡、石门涧冰坎、"冰桌"、鼻山尾、羊背石、冰川条痕石等等。

大约在2000万年前的喜马拉雅造山运动中，庐山才成断块山崛起。在300万~1万年前的第四纪大冰期中，庐山至少产生过3~4次亚冰期。每个亚冰期长达数十万年，气候严寒，降雪量充沛，产生了冰川。每次冰川都对宏伟的庐山进行一番雕饰。亚冰期之间的间冰期气候炎热可达数十万年，冰川消融，流水涓涓，庐山四周断崖瀑布林立，泥石流不断产生，使庐山变得险峻而秀丽，成为天下名山。早在20世纪30年代，李四光就在庐山多处发现冰斗群。这些古冰斗群海拔标高约为1200米，代表了古雪线高度。芦林古冰窖的所在地是庐山上储冰的场所，其外观形态与冰斗相似，但比冰斗范围大得多，高度也稍低一些。由于冰斗、冰窖不断向后扩展挖掘，山岭越变越窄，犹如刀刃，此种山脊称为刃脊，以大月山、含鄱岭最为典型。庐山的王家坡是

庐山飞峙于长江和鄱阳湖之间，水汽郁结，云蒸霞蔚。云海、瀑布与绝壁构成庐山三绝。

典型的冰川U形谷遗迹。U形谷中流动着的冰川厚度一般都大于60米，巨厚的冰层中冻结着各种大小不同的岩石块，可将U形谷中的岩块砂土搜刮一光，全部卷入冰流之中。由于冰川前进的速度时快时慢，所经过的岩层有硬有软，因此又出现了冰坡、盘谷、冰川条痕、熨斗石、环痕石、羊背石、鼻山尾、冰桌等自然遗迹，蔚为奇观。

独特的地质构造特征，显著的地质特色，同时兼具景观奇秀、历史文化内涵丰富的地质遗址，使得庐山成为当之无愧的中华名山。

松树也是庐山的一道景观，庐山松林绿盖如野，郁郁葱葱，气势磅礴。

一本阅读地球的大书

千峰石林

岩溶地貌是一种奇特的地貌景观，约占地球总面积的10%，而中国是岩溶地貌分布最广、类型最全的国家，尤以广西、贵州和云南所占的面积最大。石林是最典型的岩溶地貌景观，以其千姿百态的石峰、石柱、石笋而闻名于世。

黑森森的一片怪石如大海怒涛冲天而起，气势磅礴。

这里的石头生得奇形怪状，巍然耸立的石峰酷似莽莽苍苍的黑森林一般，所以人们形象地称之为"石林"。没有到过石林的人想象不出石林是个什么样子，不相信世界上会有万石成林、胜似仙境的地方，然而大自然无奇不有，神州大地就有好几座石峰成林的地方。其中云南石林以其面积广、岩柱高、小尺度造型及一定范围内景点集中的特点而独占鳌头。云南具有最为多样的石林形态，世界各地最为典型的石林岩溶形态在这里都可以找到，特别是成片出现的高达20～50米的石柱群，远望如林，非常壮观，堪称"石林喀斯特博物馆"。

石林不仅是岩溶地貌的一种典型景观，而且是一本阅读地球的大书。

石林奇景

石林位于云南省会昆明东南郊80千米处的路南。石林的主要景观区旧称李子箐石林，面积约350平方千米，包括大、小石林。石林中有的石柱高达40～50米，乍一看，只见座座石头拔地而起，一派波浪翻滚的景象。有的石峰巍然高耸、刺破青天，有的嵯峨嶙峋，有的摇摇欲坠，令人心荡神驰。它们又是有灵性和生命的，有双鸟渡食、孔雀梳翅、凤凰灵仪、象踞石台、犀牛望月等肖物石，又有唐僧石、悟空石、八戒石、沙僧石、观音石、

著名的大叠水瀑布，很难想象石林中竟有如此恢弘飘逸的瀑布。

将军石、士兵俑、诗人行吟、阿诗玛等像生石，还有许多酷似植物，如雨后春笋、莲花蘑菇、玉簪花等，均栩栩如生、惟妙惟肖，令人叹为观止。另有一处"钟石"，能敲出许多种不同的音调。在比目潭附近，有一座高约10米、上粗下细的奇特的危

流水沿水平的岩石节理溶蚀，使石林形成彼此分离的叠层。

崖石峰，人称万年灵芝，或称蘑菇云。从远处望去，状如原子弹爆炸后形成的蘑菇状烟云，十分独特。

石林成因揭秘

面对气势磅礴、逶迤连绵的石海，人们会情不自禁地问，这些鬼斧神工的石林是从哪里来的啊？科学家们解释说，两三亿年前这里是一片汪洋大海，经过漫长的地质运动和物质进化，才使昔日的茫茫沧海变成了今日的莽莽石林。可是，石林到底是怎么形成的呢？

石林与喀斯特岩溶地貌

说到石林，不能不提到喀斯特岩溶地貌。喀斯特地貌是指广泛出露有可溶性碳酸盐岩的地区，在地表水和地下水流动、溶蚀作用下形成的地貌景观。

喀斯特是南斯拉夫西北部伊斯特拉半岛碳酸盐岩高原的地名，当地称之为"Kras"，意为岩石裸露的地方。受地中海式气候的影响，喀斯特高原的石灰岩地形发育典型，有地下水系、溶洞、石林、石芽、溶斗等主要类型。19世纪末，西方学者鉴于喀斯特高原上石灰岩侵蚀地貌最为典型，便以"喀斯特"命名这种地貌，后来，这个词便成为世界各国所通用的专有术语。1966年，中国第二次喀斯特学术会议建议将"喀斯特地貌"改为"岩溶地貌"，故喀斯特地貌在中国又叫岩溶地貌。

水对可溶性岩石所进行的作用，统称为喀斯特作用。喀斯特地貌的特征是大片的裸露岩石，岩石的外露部分接触到雨水，受微酸的雨水侵蚀而形成

在夕阳晚照中，石林秀美异常，令人陶醉。

溶沟。溶痕的形成始于节理上微小的裂缝或迂回的沟纹，进而演化成比较深的沟壑，两侧是石灰岩残留的岩峰。因石灰岩表面坍塌而形成的落水洞或溶斗，可以合并形成凹陷的大洼地。当落水洞扩大时，它们之间的残留山丘变成圆锥状，或被下切底部而形成塔状。喀斯特地貌的风化作用依赖充沛的降水与茂盛的植被，所以喀斯特地貌大都形成于热带地区。促使喀斯特发育的条件包括：一、地表附近有节理发育的致密石灰岩；二、中等到较大的降雨量；三、地下水循环通畅。

在距今约3.6亿年前的古生代泥盆纪时期，路南一带还是滇黔古海的一部分。大约2.5亿年前的早二叠世晚期，石林才开始形成。石灰岩大多是在海洋中形成的，是一种沉积岩。

亿万年前，海洋中生长着很多海洋生物，这些生物的遗体，加上入海河流带来的泥沙以及含钙的各类碎屑一起沉积下来，随着百万年、千万年的时间累积，不断地压实、石化，终于在海洋的底部生成了石灰岩。大海中的石灰岩经过海水流动时不断冲刷，留下了无数的溶沟和溶柱。后来，沉积岩经过地壳运动抬升成为陆地，常年遭受地下水和地表水的溶蚀，最后形成了组合类型多样的石林地貌景观。

路南石林是全球唯一一处位于亚热带高原地区的石林。在石林景区内，低矮的石芽与高大的石柱成簇成片广布于山岭、沟谷、洼地等各种地形，并与喀斯特洞穴、湖泊、瀑布等共生，组成了一幅岩溶地貌全景图。石林风景名胜区范围宽，石林集中。其造型之多，景观价值之高，举世罕见。景区也因此成为我国首个被列为世界地质公园的喀斯特类型的地质公园。

亿万年的风磨水洗为我们留下了一片350多平方千米的稀世奇观。踏进云南，如果不去石林，那将是人生一憾；等去了石林，才知道这里藏着天地之秘，岂一个"奇"字可以道明。

有些石林酷似树木，有的则像刀、鸟、兽、蘑菇、庙宇和山。

色如渥丹　灿若明霞

红石丹霞山

在广东省北部，有一片连绵起伏的红色山群，因其"色如渥丹，灿若明霞"，故称丹霞山。丹霞山以赤壁丹崖为特色，又被称为"红石公园"。地质学上以丹霞山为名，将同类地貌命名为"丹霞地貌"，丹霞山也因此成为世界上同类特殊地貌的命名地。

丹霞山是广东省四大名山之一，与罗浮山、西樵山、鼎湖山齐名。丹霞山位于广东省北部，处韶关市仁化、曲江两县交界地带。山体由红色砂岩、砾岩组成，沿垂直节理发育的各种丹崖奇峰极具特色，被称为"中国红石公园"，它是丹霞地貌的命名地。

20世纪30年代，原中山大学地质系的陈国达教授提出了"丹霞地貌"这一概念，从而推动了华南丹霞地貌的研究；20世纪40～70年代末，原中山大学地理系的吴尚时和曾昭璇教授系统研究了丹霞地貌，使"丹霞地貌"这一概念得以广泛传播；1988年，丹霞山被国务院定为国家级的风景名胜区。

丹霞地貌

丹霞地貌是岩石地貌类型之一，是指红色砂岩经长期风化剥离和流水侵蚀，形成孤立的山峰和陡峭的奇岩怪石，是巨厚红色砂岩、砾岩层中沿垂直节理发育的各种丹霞奇峰的总称。丹霞地貌属于红层地貌，即在中生代侏罗纪至新生代第三纪沉积形成的红色岩系。它的发育始于第三纪晚期的喜马拉雅运动，在距今1.4亿年至7000万年间，丹霞山区曾是一个大型的内陆盆地。喜马拉雅运动使四周的山体强烈隆起，盆地内聚集了大量的碎屑，经沉积后形成了巨厚的红色地层；距今600万年以来，丹霞山区所在的盆地又发生了多次间歇上升，大约平均每一万年上升一米，红色地层沿着垂直节理受到了流水、重力作用、风力作用等侵蚀，逐渐形成石柱、石芽、溶洞、漏斗、深沟等地貌形

丹霞山风景区内群峰如林，疏密相生，高下参差，错落有序。

这个酷似男性生殖器的石柱被称为"阳元石"。

已被公认为"天下第一奇石"。直至1998年"处女渊"被偶然发现后，阴、阳二石奇观便为世人所惊叹，并被誉为"丹霞双绝"。

阳元石高28米，直径7米，由于风化作用，宛如一具男性阴茎直傲苍穹，被称为"生命之根"。据地质专家考证，该石柱从旁边的阳元山剥离已经有30万年历史，被誉为"天下第一绝景"。而被誉为"天下第一女阴"的阴元石，则隐藏于深山幽谷之中的翔龙湖景区。石高10.3米，宽4.8米。其形状、比例、颜色简直就像一具扩大了的女阴解剖模型，被视为"母亲石"、"生命之源"。

态，最终形成了现在的丹霞山区。

全球的丹霞地貌主要分布在中国、澳大利亚、欧洲中部和美国西部，而

丹霞山区出产的"白毛尖茶"久负盛名，是绿茶中的珍品。

在世界已发现的1200多处丹霞地貌中，广东丹霞山是发育最典型、类型最齐

全、造型最丰富、景色最优美的丹霞地貌集中分布区。它和形态各异的赤壁丹霞组成了大小石峰、石堡、石墙、石柱600多座，主峰巴寨海拔约618米，大多数山峰在300~400米。山石高下参差、错落有致、形态各异、气象万千，宛如一方红石雕塑园。

丹霞双绝

丹霞的山石个个象形，千姿百态，仿佛皆出自雕塑大师之手，但却无一不是大自然的鬼斧神工。比如"阳元石"，早

处女渊属于一种溶沟景观。

第三章
雪山秘境篇

Part 3
Mysterious Jokuls

在我们生活的这个星球上，有一种特殊的景观，那就是雪山。有人曾这样形容它们："巍巍群峰攀云天，茫茫雪域耀日月。"由于它们往往地处偏远，因此人类的足迹常常无法到达，这也给它们蒙上了一层神秘的面纱。

千百年来，那圣洁的珠穆朗玛峰、在云层中闪光的圣埃利亚斯冰山、饱受冰火洗礼的乞力马扎罗山……一直吸引着人们去追寻、去探索。如今，我们就带领您走进这片神秘的世界，去发掘其中的真谛。

博卡拉周围的雪山因为攀登难度不大，再加上沿途服务设施优越，长期以来一直是世界各国登山运动员攀登喜马拉雅山几座8000米以上雪峰重要的准备基地与训练场所，是世界各国旅行者公认的"徒步天堂"。

热带的雪山之城

博卡拉

博卡拉位于尼泊尔中部喜马拉雅山南麓的河谷上，是尼泊尔最负盛名的风景地。在它的旁边，秀丽的安纳普纳山脉终年积雪，河谷地区则属于典型的热带海洋性季风气候。所以，博卡拉称得上是一座特别的"雪山之城"。

煊赫王朝的背影

古代的加德满都王国、李斯哈韦斯王国和马拉斯王国的统治曾在一段时期内影响着博卡拉地区。当这些王朝陷入你争我夺的征战中时，博卡拉谷地和周边地区也变得四分五裂，饱经战乱的蹂躏。这段时期被称为昭比斯拉雅或二十四国时代。卡尔曼丹·沙哈就是在这期间建立了尼泊尔王国。他的后代杜拉巴沙哈于1768年建立了尼泊尔沙哈王朝。

雄伟壮观的安纳普纳雪山是博卡拉最令人神驰的风景，包括从第一至第五峰以及南峰，分属道拉吉里山系和安纳普纳山系。其中，第一峰最高，海拔8091米。而占主导地位的却数梅士朴士拉峰，即鱼尾峰。鱼尾峰属于典型的针尖状雪峰。

如果你想从最近观山景的话，珠峰机场的飞机会带你从博卡拉出发，让你从空中俯瞰西部喜马拉雅山脉的雄伟风光，它那鱼尾状的山顶仿若漂浮在地平线上。山脚下，是尼泊尔著名的佩瓦湖，美丽的鱼尾峰倒映在佩瓦湖里，秀丽奇特。

博卡拉河谷

博卡拉河谷位于尼泊尔首都加德满都西部约200千米的地方，河谷宽广平坦。在河谷底部，植物主要以热带乔木娑罗双树为主，而在低山丘陵附近的村寨则长满高大的榕树，蔚为奇观。博卡拉河谷最动人心魄的奇景是那皑皑的雪山，自西向东，海拔超过7000米，它们背向蓝天，森然矗立。河谷中还有为数众多的湖泊，其中最大的为翡华湖，其最宽处近10千米，碧蓝的湖水由不远处的安纳普纳雪山的冰川补给。湖水晶莹澄澈，湖中盛产鲤鱼、鳟鱼等。湖中心的小岛上建有巴拉希塔式寺庙，里面供奉着巴拉希神，是尼泊尔著名的朝圣圣地之一。河谷中最大的河流是色

翡华湖位于博卡拉河谷的南面，湖面宽阔，是一个天然的淡水湖。

地河，"色地"在尼泊尔语中为"白色"之意，色地河上游流经石灰岩地区，溶有大量石灰质，河水色似乳脂，因而得名。河谷以西是卡利甘大吉河，尼泊尔语意为"黑河"，因其上游流经黑色页岩和粘板岩风化地区，河水乌黑而得名。这两条河流平行，相距不远，水色黑白分明，为河谷奇观。

鱼尾峰属安纳普纳山系，整座山峰由两个峰巅组成，因整体形似鱼尾而得名。鱼尾峰是尼泊尔人眼中的圣地，是女神的住所，至今还没有人攀登过。

太阳的家乡

麦金利山

麦金利山位于美国阿拉斯加山脉中段，海拔6193米，是北美洲最高峰。这里地处边陲、人烟稀少，大部分地区终年积雪。"麦金利山"原名"丹那利山"，在印第安语中的意思是"太阳之家"，后来，为纪念美国第25届总统威廉·麦金利而改名为"麦金利山"。

1917年，美国政府将包括麦金利山在内的6800平方千米的地区开辟为丹那利国家公园，这也是美国仅次于黄石国家公园的第二大国家公园。

麦金利山是第三纪晚期和第四纪隆起的巨大的穹隆状山脉，有南北二峰，南峰高6193米，北峰高5934米。

麦金利山在构造上属于太平洋边缘山带，为巨大的背斜褶皱花岗岩断块山，山顶终年积雪，雪线高度为1830米，发育有规模很大的现代冰川，主要有卡希尔特纳冰川和鲁斯冰川等。麦金利山区由于受到温暖的太平洋暖气流的影响，气候比较温和，到了夏季整个山麓更是一片青翠。海拔762米以下是大片的森林，以云杉树和桦树林为主，绿色的森林、洁白的山峰、广阔的冰川在阳光的照射下熠熠生辉，相映成趣。

最原始的自然生态

麦金利山地处北极圈附近广阔的大平原上，层层的冰雪掩盖着山体，无数的冰河纵横其中，冬季最冷的时候气温低于零下50℃，风速最快可以达到160千米/时，因此只有那些能够挨过漫长寒冷冬季的动植物才能在这里生存。但就是在这样一个地方，却保持着一种特殊的自然生态。

虽然麦金利山地处北极圈附近，但由于大量冰川融水的汇入，在其山脚下形成了许多湖泊。

在麦金利山所处的丹那利国家公园里，生活着超过35种以上的动物、130余种鸟类和数百种的植物，所有的一切都顺应着大自然的规律自然生长，并没有因为人类的出现而遭到任何破坏。由于这里的许多地区都是永久冻土区，因此，植物普遍都很低矮，最高大的柏树也不过长到三四米左右。公园中禁止使用私人的交通工具，并且不允许携带任何武器，人类在这儿只是一个旁观者的角色，这也是公园的生态保存得如此完好的重要原因之一。

艰难的登山路

由于麦金利山特殊的地理位置和气候条件，它成为许多登山爱好者梦想征服的圣地，但直到1913年，以特德森·华斯伯为队长的登山队才第一次登上了这座号称北美第一高峰的顶峰。

闪光的云彩

朗格尔-圣埃利亚斯冰山

俄国探险家白令曾率一支探险队从西伯利亚向东航行穿越北太平洋，经过六个星期的旅行到达了美国的阿拉斯加境内。在那里，探险队发现了一座像云彩一样闪闪发光的山峰，这就是朗格尔-圣埃利亚斯冰山。

1979年，朗格尔-圣埃利亚斯冰山被认定为世界自然遗产，1980年，美国政府宣布在这里建立国家公园。公园占地近5万平方千米，是阿拉斯加地区最大的国家公园。圣埃利亚斯冰山位于公园的东南部，海拔5402米，是公园内最高的山峰。朗格尔冰山坐落

位于公园内的马拉斯皮纳冰川是世界上最大的山麓冰川之一。它是以1791年抵达这里的意大利探险家马拉斯皮纳的名字命名的。冰川脚下，是美丽的库铂河。

在圣埃利亚斯冰山的西北方向，相对圣埃利亚斯冰山而言，朗格尔冰山只是个小兄弟，海拔只有4800米。朗格尔－圣埃利亚斯冰山包括4座冰川火山，其中只有朗格尔冰山还是一座活火山，它上一次爆发的时间是在1900年。

朗格尔－圣埃利亚斯国家公园的面积是黄石公园的近6倍，比新罕布什尔州和佛蒙特州加起来还要大，但却不被人们熟悉。

野生动物

复杂的野外环境导致朗格尔－圣埃利亚斯冰山公园内的动物有着惊人的多样性。南海岸附近，鲸、海象等海洋哺乳类动物在自由地巡游；高山地区，警觉的野生白山羊、白头海雕和游隼在寻找食物或躲避敌人的追踪。其中，野生白山羊是这一地区特有的动物，它们多生活在树木线以上的陡峭山坡或悬崖上，即使寒冷的冬天也不会下到下面的山谷。它们的行动缓慢，但步伐十分稳健，非常善于在悬崖峭壁间攀登跳跃。除此之外，驼鹿、棕熊、黑熊、狼以及北美驯鹿和野牛也是公园的常客，人们经常可以见它们在峡谷或山坡上游荡。同时，这里也是从北极圈和阿拉斯加飞来的鸟类在最南边的栖息地之一。

探险队抵达圣埃利亚斯冰山时，正好是俄国传统日历上的"圣埃利亚斯日"，因此，这座山峰便被命名为"圣埃利亚斯冰山"。

野生白山羊又叫雪羊、石山羊，其肩部凸起，四肢短小，浑身披着浓密的白色绒毛，外形与普通山羊非常相似。

冰川地形

圣埃利亚斯冰山延伸到保护区的大部分地区，拥有很多高大的山峰，其中包括海拔5959米的落基山脉，为加拿大境内的最高山脉。湿润的太平洋季风带来了大量降水和降雪，形成了广大的冰雪地带和冰川。36条主要河流流经此地，冲刷着该地区的淤泥和石块，改变着此地的地形。

上帝的雪冠

雷尼尔山

雷尼尔山是世界上最雄伟壮观的山岭之一，海拔4323米，比它邻近的山峰要高出2000米。它拥有除了阿拉斯加以外最大的单一冰河以及最大的冰河系统，山顶终年积雪覆盖，那白雪皑皑的山头就像是一顶洁白的雪冠。

第一个发现雷尼尔山的欧洲人是乔治·范库弗上尉。1792年，他在为英国皇家学院绘制帕基特海峡地图时发现了这座高山，他在笔记中描绘道："这是一座高险陡峭、白雪皑皑的山峰，充满迷人的景象。"后来，他又用好朋友皮特·雷尼尔的名字为此山命名。其实，邻近的印第安人早就知道这座高山，并将它称呼为"塔荷马"，也就是"上帝之山"。两个多世纪以来，雷尼尔山吸引着来自世界各地的登山爱好者。1886年，早期登上雷尼尔山的贝利曾经写下这样的诗篇："从山顶四

望，是令人难忘的雄伟和广阔，1500米以下的景色都隐没在雾海之中，只有较高的山峰探出，如海中浮岛。"也正是如此，越来越多的人把登上雷尼尔山当成了一种挑战、一种享受。

雷尼尔山国家公园

雷尼尔山国家公园创立于1899年，公园包括原始的雨林以及高原，占地980平方千米。雷尼尔山国家公园是华盛顿州的标志，当地人的许多器物上都画有该山的图案。因此，对当地的人而言，雷尼尔山

雷尼尔山属于喀斯喀特山脉，山顶冰封一片，山脚下却繁花似锦。

更带有几分神秘的气息，是他们的神圣之地。公园中最引人入胜的两个景点是"天堂"和"日出"。天堂，顾名思义就是像天堂一样美丽的地方，位于雷尼尔山西南方的隆迈尔山的北面，高约1402米。这里除了有美丽的山景之外还有潺潺的流水和晶莹的湖泊，秀丽的景色每年都吸引大批游客来此游玩。位于雷尼尔山北部的"日出"则是国家公园内最高的景点，也是观察山景的最佳地点，在这里不仅可以欣赏到壮丽的冰河风光，还可以眺望公园内另一座山峰——贝克山以及遥远的太平洋，喜欢研究大自然的人在这里能得到最好的满足。

在邻近的印第安部落，雷尼尔山被称为"上帝之山"，地球上有史以来全年最大的降雪量就出现在这里。

雷尼尔山山麓长满葱郁的树木，黑尾鹿、高山羊等在里面自由穿梭，形成了一幅和谐的自然生态画面。

乞力马扎罗山山区野生动物繁多，为了保护这些动物资源并充分利用其旅游资源，坦桑尼亚政府已经将此地划为乞力马扎罗禁猎区。

在冰与火的交融中诞生的奇迹
乞力马扎罗山

乞力马扎罗山是非洲的至高点，位于坦桑尼亚最北部，"乞力马扎罗"这个名字来源于东非的斯瓦西里语，意思是"光明的山"。这座山诞生于冰与火的洗礼中，山麓温度高达60℃，山顶却是白雪皑皑，成为赤道附近一道壮丽的风景。

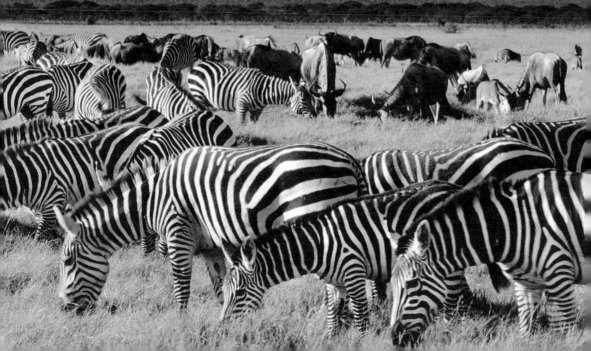

乞力马扎罗山是一座仍在活动的休眠火山，由三座山峰组成，最近的一次爆发是在一万多年以前。山峰中最古老的是希拉火山，它位于主山的西面，是伴随着一次猛烈的喷发而坍塌的，留下高3180米的高原；紧随其后的是马文济火山，它是一座独特的山峰，附属于最高峰的东坡，高度有5334米。

三座火山中最年轻、最大的是基博火山，它是在一系列喷发中形成的。基博峰顶有一个直径2400米、深200米的火山口，口内四壁是晶莹无瑕的冰层，底部耸立着巨大的冰柱，冰雪覆盖，宛如巨大的玉盆。巍峨的火山傲然耸立，周围并无其他山脉相伴。

1973年，坦桑尼亚政府在乞力马扎罗山设立国家公园，整个公园由林木线以上的所有山区和穿过山地森林带的6个森林走廊组成。

灿烂的雪冠

乞力马扎罗山的轮廓非常鲜明：缓缓上升的斜坡引向一个长长的、扁平的山顶。在酷热的日子里，从远处望去，蓝色的山基赏心悦目，而白雪皑皑的山顶似乎在空中盘旋，常伸展到雪线以下的缥缈的云雾增加了这种幻觉。

在过去的几个世纪里，乞力马扎罗山一直是一座神秘而迷人的山——没有人真的相信在赤道附近居然有这样一座覆盖着白雪的山。

关于雪峰的形成，有一个古老的传说。在很久以前，天神与恶魔发生了战争，恶魔从山内点燃大火，而天神则降下暴雨，最终将大火熄灭。从此，凶恶的火神被制服了，而乞力马扎罗山也因此戴上了灿烂的雪冠。

乞力马扎罗山高5963米，山域面积为756平方千米，因此又有"非洲屋脊"之称。

"草原之帆"的子民

乞力马扎罗山在坦桑尼亚人心目中神圣无比，他们对乞力马扎罗山敬若神灵。很多部族每年都要在山脚下举行各种传统的祭祀活动。他们把自己看做是"草原之帆"下的子民，绝不允许有人对这座山有任何不敬。

拉萨的历史·布达拉宫

念青唐古拉雪山

离天最近的地方，是拉萨的布达拉宫。从布达拉宫北望，当雄草原上矗立着头戴冰雪冠冕的念青唐古拉大山脉。"念青唐古拉"，藏语意为"灵应草原神"，伟岸的念青唐古拉是藏北高原的南方门户，西藏四大神山之一，雄踞藏北数以百计的保护神山之首。

在纪念释迦牟尼诞生、出家、涅槃的大法会上，佛教徒们会举行瞻佛仪式。

念青唐古拉山脉，位于拉萨以北100千米处。它西接岗库卡耻，东南延伸至横断山脉的伯舒拉岭，中部略为向北凸出，成为雅鲁藏布江和怒江的分水岭，同时将西藏划分成藏北、藏南、藏东南三大区域。淙淙作响的拉萨河从白雪皑皑的念青唐古拉山的冰峰雪谷中奔涌而下，穿过无数森林峡谷，汇入雅鲁藏布江，形成蓝白二水相互交融的雪域奇观。拉萨古城就伫立在这条蔚蓝色的吉祥河河畔。

大昭寺始建于647年，是藏王松赞干布为尼泊尔尺尊公主入藏而建的。

拉萨的历史

拉萨是一座拥有1300多年历史的古城，自古以来就是西藏政治、经济、文化和宗教中心。

在1世纪前后，高原上出现了大大小小的氏族部落。这些部落经过多年的和战，又集结成若干个部落联盟，其中以山南

念青唐古拉雪山位于青藏高原中南部的当雄草原上，终年白雪皑皑。

河谷的雅隆部落联盟、阿里地区的象雄王国和雅鲁藏布江以北的苏毗部落联盟最为强大。这时，拉萨河的古名"吉曲"已经出现，现在拉萨所在地则被人称为"吉雪沃塘"，意为"吉曲河下游的肥沃坝子"。7世纪初，雅隆部落首领朗日松赞成为整个吉曲（拉萨）河流域的主宰。朗日松赞把营盘设在墨竹工卡的甲玛岗山沟，并在这条长长的南北走向的山沟中建造了几座宫堡。617年，他的儿子、吐蕃王朝的缔造者松赞干布出生在甲玛岗山沟的强巴明久林宫堡中。十多年后，接替首领之位的松赞干布做出了迁都卧马塘的重大决策。633年，他率大臣、部属从墨竹工卡西下卧马塘，这片亘古以来荒凉沉寂的平野立刻变得热闹而繁荣起来。松赞干布在红山周围建宫堡，修寺庙，营造军民住房。据说，卧马塘平野的第一座建筑——红山堡寨就是布达拉宫的前身。

吐蕃王朝从此风生水起。松赞干布制定法律，划分行政区域，分封官职，力主对外交流，并在赞普属下设五商六匠。商业和手工业的形成和发展，对促进拉萨城的兴盛起着明显的作用。松赞干布先后迎娶了尼泊尔尺尊公主和大唐文成公主，并为两位公主修建了大、小昭寺，分别供奉了释迦牟尼八岁和十二岁等身佛像。大昭寺建成后，为纪念山羊驮土建寺的殊胜之举，寺庙取名山羊幻化庙，城市也改名为"惹萨"，意为"羊土城"。

8世纪时，吐蕃君主赤德祖赞迎娶了大唐金城公主。金城公主将文成公主带来的释迦牟尼十二岁等身佛像迎请到大昭寺主殿，并在红山和药王山之间修造了称为"巴嘎嘎林"的三座大白塔，形成进入拉萨的大门。自从金城公主将小昭寺的释迦牟尼十二岁等身佛像移供大昭寺主神殿

1995年，中央政府拨款1.1亿元建成布达拉宫广场。

后，这尊佛像就成了整个雪域藏人信仰的中心。缘于这尊至神至圣的佛像，"惹萨"又改名为"拉萨"，意为"神佛之地"。

布达拉宫

布达拉宫位于西藏自治区首府拉萨市西北郊区约2000米处的一座小山上。在当地信仰藏传佛教的人民心中，这座小山犹如观音菩萨居住的普陀山，因而用藏语称之为布达拉（普陀之意）。

7世纪时，吐蕃明君松赞干布迁都吉雪沃塘并开始修建宫堡，其中就包括布达拉宫的前身——红山堡寨。松赞干布死后，西藏地区经历了数次政权更迭，山南乃东、后藏日喀则，都曾经作为西藏的首府，但拉萨一直是西藏最古老最神圣的城市。1642年，五世达赖建立了甘丹颇章政权。五世达赖执政期间，布达拉宫得以重修。1647年，主体工程完毕，开始内部装修和壁画绘制以及神佛塑造。1653年，五世达赖举行了盛大的开光庆典。达赖本人也迁至此地居住和施政，其地因外墙雪白而称为布达拉白宫。1682年，五世达赖圆寂，第司桑结嘉措匿不报丧，于1690年开始主持建造五世达赖灵塔殿和

松赞干布和文成公主为拉萨的形成和发展作出了重大贡献。

大昭寺中心佛殿的一、二层受印度僧房建筑的影响，平面布局略呈方形。

祀殿，这就是著名的布达拉红宫，历时四年建成。1693年藏历4月20吉日，红宫举行了隆重的落成典礼。桑结嘉措在宫前立无字碑一座，作为纪念。

布达拉宫海拔3700多米，占地总面积36万余平方米，建筑总面积13万余平方米，主楼高117米，共13层。其中宫殿、灵塔殿、佛殿、经堂、僧舍、庭院等一应俱全，组成了当今世界上海拔最高、规模最大的宫堡式建筑群。

大昭寺：佛光映圣城

大昭寺位于拉萨老城区的中心，建于唐贞观二十一年（647），距今1350多年。大昭寺共修建了3年有余，为了纪念白山羊驮土建寺的功绩，佛殿最初名为"惹萨"，因藏语中称"山羊"为"惹"，称"土"为"萨"。后改称"祖拉康"（经堂），又称"觉康"（佛堂）。1409年，宗喀巴大师为纪念释迦牟尼佛以神变之法大败六种外道的功德，召集各寺院、各教派僧众，于藏历正月期间在大昭寺内举行祝福祝愿的法会，名为"传昭大法会"。据说这就是如今大昭寺名字的由来。大昭寺是西藏重大佛事活动的中心。许多重大的政治、宗教活动，如认定活佛转世灵童的"金瓶掣签"仪式就在这里进行。

大昭寺是西藏现存最辉煌的吐蕃时期的建筑，也是西藏最早的土木结构建筑，并且开创了藏式平川式寺庙布局的先河。经历代整修、增扩，形成了如今占地25100余平方米的宏伟规模。它不仅仅是一座供奉众多佛像、圣物以供信徒们膜拜的殿堂，还是佛教中关于宇宙的理想模式——坛城(曼陀罗)——这一密宗义理立体而真实的再现。

进入大昭寺前面的小广场可以看到大昭寺的全貌。由正门进入后，沿顺时针方向进入一座宽阔的露天庭院，这里是举行规模盛大的"传昭大法会"的场所。继续右绕，便是著名的"觉康"佛殿。它既是大昭寺的主体，也是大昭寺的精华之所在。佛堂呈密闭院落式，楼高四层，中央为大经堂。藏传佛教信徒认为拉萨是世界的中心，而宇宙的核心便位于此处。目前这里是大昭寺僧人诵经修法的场所。释迦牟尼佛堂是大昭寺的核心，这里是朝圣者最终的向往。

广袤而深厚的西藏大地上，积淀着藏族千百年来厚重的历史文化，蕴藏着神山圣湖的自然风光。面对西藏的诱惑，我们情不自禁地想要去探寻、去发现一种古老文化在其演变过程中的历史痕迹，去玩味这古老和现代之间的丰富与精彩……

当雄草原被念青唐古拉山脉拉成了一条狭长的带子。

推敲珠峰的高度·最高的生物庇护所

珠穆朗玛峰

珠穆朗玛峰海拔8844.43米，为世界第一高峰。数亿年前，珠峰所在的地区曾是一片汪洋大海。后来，造山运动将之变成了现在的地球之巅。珠穆朗玛峰在藏语中意为"圣母"，峰顶终年积雪，远远望去，一派圣洁景象。

绒布河位于珠穆朗玛峰北坡，是由冰雪融水汇集而成的冰川河流。

地球上海拔高度在7000米以上的山峰有300多座，海拔高度在8000米以上的高峰有14座，它们大多集中分布在雄伟的青藏高原上。其中，珠穆朗玛峰以无与伦比的高度雄踞地球之巅，与北极、南极并列，被人们形象地誉为"地球的第三极"。珠穆朗玛峰耸立于地球上最年轻的也是最高的山脉——喜马拉雅山脉的中段，其北坡在中华人民共和国西藏自治区定日县境内，南坡在尼泊尔国境内。

珠峰海拔8844.43米，为世界第一高峰，是一条近似东西向的弧形山系。

珠峰的形成

在距今约2亿年的中生代早期，珠峰所在地是一片浩瀚的海洋。古地中海海水荡曳其中，锦鳞疾闪，贝蚌轻摇。岸上暖风吹拂，潮湿的气候使蕨类疯长，茂密的丛林是恐龙生活的乐园。那时的地球大致由南北两大古陆构成，南为冈瓦纳古陆，北为劳亚古陆。泛大洋（古太平洋）伸入古陆，形成几个巨大的海湾，今珠峰所在地在那时属古地中海海湾。时光如梭，100万年过去了，到了中生代末期，冈瓦纳大陆已彻底解体，印支地块与亚洲大陆碰撞后，古地中海慢慢地缩小、变浅了。尽管珠峰所在地区仍然碧波森森，但大海的女儿——珠峰已在悄然孕育之中。在这一时期，生物界发生了一件令后人困惑不解的大事——恐龙灭绝了。到距今7000万至4000万年的新生代早第三纪，珠峰地区成了一片温暖的浅海，海里栖息着海胆、介形虫、鹦鹉螺等生物。到了早第三纪末，著名的喜马拉雅造山运动发生了。印度板块以小的倾角俯冲入亚洲大陆

喜马拉雅山脉由许多平行山脉组成，这里的山脉平均海拔在6000米以上。

之下，造成地壳重叠加厚和地表的大面积、大幅度抬升。至距今4000万年的始新世末期，该区海水尽退，隆起为海拔2500米的大陆。到了300万年前的第四纪，珠峰所在地区进一步上升。因第四纪的大规模冰川活动与高寒导致的降雨，这里冰天雪地，成为一个几乎没有生命的世界。在喜马拉雅造山运动中，伴随着板块的碰撞，雄伟的珠峰拔地而起，犹如一把利剑，傲视群山，直刺苍穹。

推敲珠峰的高度

作为世界第一高峰，珠穆朗玛峰的海拔高度历来为世界各国所关注。从1847年至今，对珠穆朗玛峰峰顶雪面高度的求证已进行了10多次，珠峰高度的权属之争也已经持续了将近30个年头。

1954年，印度一个名叫古拉提的测量师测得珠峰雪面高程为8847.6米，四舍五入为8848米。之后，该数据作为印度官方的珠峰高程对外公布。

1975年，中国政府经过科学而严谨的测量后，得到珠峰的精确高度为8848.13米，这一数据作为中国对珠峰高度的采用值一直沿用了下来。

1992年，中国与意大利合作，开展珠峰测量考察工作。意大利登山家在峰顶设立觇标，用探杆测得雪厚度2.55米。因雪深变化，珠峰高程1992年的

去珠峰必走定日，这是从北坡进出珠峰的唯一通道。

喜马拉雅山脉南坡陡峭，北坡平缓。北面缓坡和藏南谷地相接，宜农宜牧。

观测值为8846.27米，降低了1.63米。从此，雪深与雪面高度的变化问题成了珠峰高程争议的焦点。

2004年8月，中国科学院青藏高原研究所所长姚檀栋在一次国际学术研讨会上指出，地壳运动虽然使珠峰以缓慢的速度在增高，但由于全球气候变暖，珠峰整体高度在降低。根据中科院院士陈俊勇等人的观测，从1966年至1999年，珠峰顶部累计降低了1.3米，并且继续在降低。专家解释说，珠峰测高结果的差别由几个原因造成：一是海拔原点的选择不同，因为地球海平面也存在高低差别，而不同国家往往采用不同的海水面作为海拔零起始点、水准原点；二是因为珠峰冰雪层的厚度会随着季节交替有所变化；三是测量精度，目前已知的不同测量方法，精度差别可达50厘米。

2005年3月至6月，中国国家测绘局与西藏登山队合作，再次成功测量了珠穆朗玛峰的海拔。为了提高测量精度，他们采用了测深雷达准确探测珠峰峰顶的浮雪和永久冰层的厚度，峰顶竖立的觇标也与以往不同，觇标上安装了GPS天线和反射棱镜，以方便测量需要。最后，他们精确测得珠峰雪面海拔高程为8844.43米，珠峰峰顶岩石面高程测量精度±0.21米，峰顶雪深3.5米。2005年10月9日，中国国务院新闻办公室举行新闻发布会，向全世界公布了最新的珠穆朗玛峰高程数据：8844.43米。随着这一最新权威数据的公布，有关珠峰高度的争议也暂时告一段落。

最高的生物庇护所

1989年，西藏自治区正式批准成立了珠穆朗玛峰自然保护区。1994年，珠峰自然保护区被列为国家自然保护区。珠穆朗玛

峰国家级自然保护区位于我国西藏自治区西南隅与尼泊尔王国交界处，覆盖了西藏定日、定结、聂拉木和吉隆4个县，是世界上海拔最高的自然保护区。

整个珠峰自然保护区划分为核心保护区、缓冲区和开发区3种类型。保护区地势北高南低，地形地貌复杂多样，相对高差达7000米以上，由此造成了珠峰独特的立体气候和生物的多样性。

珠峰保护区内植物资源丰富，主要保护对象是极高山景观和喜马拉雅山脉南翼湿润山地森林生态系统及喜马拉雅山脉北翼半干旱高原灌丛、草原生态系统。此外，保护区内还生活着大量的名贵动物。其中，国家一类保护动物长尾叶猴、熊猴、喜马拉雅塔尔羊、金钱豹、野驴、雪豹、红胸角雉、黑颈鹤8种；国家二级重点保护动物有小熊猫、黑熊、藏雪鸡、岩羊等。其中珠峰保护区所特有的雪豹已被列为珠峰自然保护区的标志性动物。据统计，珠穆朗玛峰国家级自然保护区成立以来，珍稀野生动物种群的数量明显增加。另外，保护区内藏原羚、岩羊、长尾叶猴的数量都有所增加。可见，珠峰自然保护区的对于物种的保护作用是显而易见的。

除了珍贵的动植物资源，保护区内还有多处具有重要科学研究价值的地史学遗迹，如吉隆县聂汝雄拉上新世的三趾马化石群等。此外，珠峰自然保护区在生物、地质、环境等众多学科上也有极大的研究和参考价值。

喜马拉雅山是构造复杂的年轻褶皱山脉，主要由结晶岩石构成。

人们把珠穆朗玛峰和南北极并称，将其誉为"世界第三极"。它那举世无双的海拔高度、绚丽多姿的地形地貌、神奇莫测的自然奥秘，长期以来吸引着世界各国的登山家、探险家和科学家前来顶礼膜拜。

在珠峰自然保护区内还奔驰着珍稀动物藏野驴。

欣赏雪山之美

四姑娘雪山

有那么一座山，因为得了一个亲切如家人的名字——四姑娘，不知从何时起便声名远播起来。四姑娘山，如婉约的少女，又如威武的勇士，伫立在天地之间。靠近她，你才知道温柔是美，傲气也是美。这美，物化为美的山峰、美的沟壑、美的行云、美的流水。

四姑娘山，藏名为"石骨拉达"，意为大神山。它坐落在横断山脉的东北部、邛崃山脉的中段，由"三沟一山"组成。"三沟"是双桥沟、长坪沟、海子沟，"一山"为四姑娘山。四姑娘山由海拔5672米、5700米、5664米、6250米的4座毗连的山峰组成，人们分别称之为大姑娘、二姑娘、三姑娘、四姑娘，其中四姑娘峰（又名幺妹峰）最高，海拔6250米，在四川仅次于"蜀山之王"贡嘎山，因而被称为"蜀山之后"。山峰近南北向，主要由砂岩、板岩、大理岩、石灰岩构成，部分地区有花岗岩出露。四姑娘山地处川西高原向东急速过渡到成都平原的交接带。山体东陡西缓，东西自然景观差异巨大，东坡多雨湿润，其垂直生物气候带明显，热、温、寒三带皆备，以亚热带常绿阔叶林为基带，动植物丰富多彩；西坡少雨干燥，属温带干旱河谷灌丛。主峰南坡飞挂数条冰川，冰舌直指山脚。自中生代以来，四姑娘山经历了以三叠纪的印支运动为主的多次构造运动，在内外地质力的交互作用下，形成了岭谷高差悬殊的复杂地形特征。

四姑娘雪山景区风景优美。

神山神话

美丽的地方总会有美丽的传说。相传很久以前，一个叫墨尔多拉的魔王常制造暴雨与山洪危害

四姑娘山山体垂直高差巨大，分布着多种典型自然形态。

双桥沟内分布着大片的原始森林和高山草甸。

村民。在村子里生活的阿巴郎依家有4个女儿，个个聪明伶俐，如花似玉。阿巴郎依决心与魔王决斗以解救村民，然而他年老体衰，被魔王杀死了。为了完成父亲的心愿，4位姑娘运用智慧，杀死了墨尔多拉，但魔王临死前打开了天河，洪水汹涌澎湃。4位姑娘舍身挡水，毅然化作了4座山峰。这就是四姑娘山。朝山会是这里藏民的一种传统节日。传说4位姑娘化作山峰的这一天正好是藏历七月十三（农历五月初四），因此每年的这一天，村民都要身着节日盛装，带着酥油、青稞哑酒、糌粑等食物，来到四姑娘山的天然祭坛——锅庄坪，祭祀四姑娘山山神（石骨拉柔达），感谢神山对人间赐予的幸福和丰收。

欣赏雪山

四姑娘雪山以雄峻挺拔闻名，终年积雪，银光闪烁，宛若头披白纱、姿容俊俏的少女，素有"东方的阿尔卑斯山"之美称。四姑娘雪山是邛崃山脉最雄奇的山峰，1994年被国务院审批为国家重点风景名胜区。

四姑娘雪山景区位于阿坝藏族羌族自治州小金县日隆乡境内，多奇山异峰，白雪皑皑，大大小小的高山湖泊及森林、奇花异草、珍禽异兽，构成了独特的高原山地风光。

双桥沟 双桥沟全长34.8千米，面积约为216.6平方千米，景区分三段。

在这里，人们可观看到十几座海拔在4000米以上的雪山，其下段为杨柳桥，有阴阳谷、白杨林带、日月宝镜山、五色山等景观；中段为撵鱼坝，包括人参果坪、沙棘林、尖山子、九架海等景点；上段为牛棚子草坪和长河滩，内有阿妣山、猎人峰、血筑墙垣、牛棚子、长河坝等景点。其中，金鸡岭、古猿峰、猎人峰、老鹰崖等奇崖犀利陡峭，五色山、望月峰、舍心岩等一些充满神奇传说的山石，显露着特有的灵性，令游客惊叹不已。

长坪沟　　长坪沟是一处大峡谷，全长29千米，面积约100平方千米，四姑娘山就位于长坪沟内。长坪沟内有古柏幽道、喇嘛寺、干海子及高数十米的悬崖瀑布、奇石等景观。春天，长坪沟内山花齐放，满目绚烂；秋季，红枫漫山，与洁白的雪山相映成趣。

海子沟　　海子沟全长19.2千米，面积126.48平方千米。海子沟内有花海子、浮海、白海、蓝海、黄海等十几个高山湖泊。进入海子沟后，17千米处有一个高山堰塞湖，当地人称其为大海子。其湖水清澈见底，游鱼穿梭，水草丰茂，湖岸郁郁葱葱，树木茂盛，高山白雪倒映湖中，宛若一幅意境绝美

秋季的双桥沟风景如画。

的山水画。

　　由大海子上行可见另一处高山湖泊——花海子，湖水较浅，为高山沼泽地。每年的夏季，花海子的湖面均被花草所覆盖，茂密的花草将湖水装点得像一个大花园，花海子由此得名。此外，海子沟内还有三个著名的湖泊：双海子、月亮

在四姑娘山海拔3700米以上的地段分布有广阔的高山草甸，是牧民们放牧的好地方。

海子和犀牛海子，海拔均在4600米以上。

卧龙自然保护区

四姑娘山一带森林茂盛，气候宜人，为动植物提供了良好的生存环境。这里的自然生态保护良好，植被茂盛，生物种类繁多，举世闻名的卧龙自然保护区就坐落在四姑娘雪山的东麓。

卧龙自然保护区始建于1963年，面积约200平方千米，是我国最早建立的综合性国家级保护区之一。1980年，这里与世界野生生物基金会合作建立中国保护大熊猫研究中心。1983年，保护区加入了联合国教科文组织的"人与生物圈计划"。

四姑娘山所在地区山峰终年积雪，银光闪烁，宛如一派南欧风光。

老鹰岩位于双桥沟内右侧29千米处，海拔5428米。整个山峰形如一只展翅欲飞的苍鹰。

卧龙自然保护区具有丰富的动植物资源，尤以大熊猫而享誉国内外，被称为"熊猫之乡"。这里地势较高，气候湿润，十分适宜大熊猫的主要食物——箭竹和桦桔竹的生长，故而成为大熊猫生存和繁衍后代的理想地区。保护区内共有100多只大熊猫，约占全国总数的10%，设有大熊猫研究中心和大熊猫野外生态观察站。

除了熊猫，保护区内还生活着多种国家重点保护的珍稀动物，包括金丝猴、扭角羚、白唇鹿、小熊猫、雪豹、水鹿、猕猴、短尾猴、红腹角雉、藏马鸡、石貂、大灵猫、小灵猫、猞猁、林麝、毛冠鹿、金雕、藏雪鸡、血雉等29种珍稀动物。此外，保护区内从亚热带到温带、寒带的生物均有分布。其中包括珙桐、连香树、水清树3种国家一级保护植物，9种二级保护植物，13种三级保护植物。

四姑娘山是一片神奇美丽的土地，这里有高原特有的洁净蓝天，皑皑白雪，与奇峰异树、飞瀑流泉、草甸溪流相交融，共同组成了神奇动人的景观。

北美洲的脊骨
落基山脉

落基山脉是世界上最壮观的山脉之一，北起阿拉斯加，穿越加拿大、美国，在墨西哥消失。整座山脉犹如一条巨龙腾空而起，自北向南绵延起伏几千千米，几乎纵贯整个北美大陆，被许多地理学家称为北美洲的脊骨。

落基山脉经历了长达1亿年的形成过程，演绎了一部壮观剧烈的地貌变迁史。起初，它是一片巨大的地槽区，直到白垩纪初期还是一片碧波荡漾的浅海，在这里，各种各样的生物自由自在地生活着。

后来，这个地区开始不断地上升，最终由海洋变成了陆地。为了生存，各种生物与

落基山脉属于科迪勒拉山系的东部山脉，平均海拔2000～3000米。

大自然展开了一场殊死的搏斗，有的活了下来，有的却从这个星球上永远消失了。

紧接着，这一地区发生了排山倒海般的大规模的造山运动，被压抑了几亿年的岩浆，此刻突然冲出地面，照亮了这片沉寂的土地，许多动物吓得到处逃窜。地壳随之发生了强烈的褶皱与压缩，山脉隆起，形成巨大的花岗岩山系。

怒火平息后，群山又遭到冰川的侵蚀，留下了陡峭的角峰、冰斗、槽谷等冰川地貌。经历了这场漫长的造山运动后，落基山

落基山脉是北美大陆重要的气候分界线，对极地太平洋气团东侵和极地加拿大气团西侵起屏障作用，使得紧靠山脉的大平原地区气候湿润多雨。

终于巨人般屹立在了辽阔的北美大地上。

落基山国家公园群

落基山国家公园群位于加拿大西南部，包括贾斯珀、班夫、约霍、库特奈四座不同的公园。其中班夫国家公园创立于1885年，面积约6680平方千米，是加拿大第一个也是最古老的一个国家公园。公园内各类生态地貌林立，有巍峨的落基山脉、纯净的史前冰川以及一望无垠的浓密的白杨、松树、云杉林等景观，居北美大陆之冠。公园中部的路易斯湖，风景尤佳，湖水随着光线的深浅由蓝变绿，形成一片如翡翠一般碧绿的美景，因此又被称为"翡翠湖"。湖的后面是终年积雪的维多利亚山，蓝天、

贾斯珀国家公园是加拿大落基山公园群中最大的一座，占地10878平方千米。公园西部的罗布森山海拔3954米，是公园内的最高峰。

湖光山色

国家公园内的山脉都很年轻，大约形成于7000万年以前。嶙峋的山峰与流动的冰川在这里形成了奇特的对比。巨大的冰川从冰原上缓缓滑下，把巨大的岩石磨为粉末，覆盖在纯净的冰湖上，把湖水映照得如同璀璨的宝石。

弓箭河是班夫国家公园内最长的一条河，流域面积达2210平方千米，沿河两岸生长着茂密的树林。

冰雪、山岩、树木倒映在湖面上，构成了一幅娴静的画面。沿着落基山山脉，还有许多这样的湖泊，它们犹如一颗颗珍珠，把静静的群山点缀得生机勃勃。山脚下，静静的鲍河穿园而过，大量棕熊、美洲黑熊、驼鹿、山地狮等动物悠闲地在园中觅食，繁衍生息。人与自然的和谐相处在这里得到了最好的印证。

丰富的物种

落基山奇特的地貌孕育了丰富的物种，这里遍布着多姿多彩的植物和大量的野生动物。植物以高山林木为主，山脚下，茂密的枞树林、云杉等围绕着波光粼粼的湖泊，给人一种恬静的感觉。随着海拔的升高，阔叶林变成了针叶林，再往上，冰雪和岩石逐渐成了主角，但其间还是夹杂着大量的苔藓、地衣等植被。让人惊异的是，这里竟然还有黄色的冰川百合从融雪中露出头来，为高山增添了几许妩媚。这里也是鸟类的天堂，园区中大约有225种鸟类，大到鹫鹰，小到蜂鸟，在林中舞蹈、觅食。另外，这里还有56种哺乳动物，其中最常见的是麋鹿和大角羊，无论是在林间、道路旁边或是园中的公路上，

美洲黑熊分布范围从墨西哥高原北部向北至北美大部地区。其体形大而粗圆，体长1.37～1.88米，体重220～270千克。

你都可能和它们不期而遇。

冰原

　　冰原是落基山脉最大的一处冰雪区，面积约389平方千米。它是远古巨大冰原的残余部分，属于哥伦比亚冰原中视野最开阔、气势最宏伟的一部分。厚重的哥伦比亚冰原好像是陆地的分界线，横跨在公园的边缘，在冰原环抱的地貌中，那些巍峨的山峰即使在炎热的夏季也依然头顶白雪。由于冰层密度极高，阳光无法折射，这里的冰原便呈现出晶莹剔透的蓝光，在晴空下显得十分瑰丽。由于加拿大经历过四次主要的冰河时期，因此，从哥伦比亚冰原到贾斯珀公园，整个山区都被一层厚厚的冰块封住，到这里的游客只能乘坐飞机穿越公园这部分的上空，欣赏这难得一见的奇景。

位于美国怀俄明盆地以南的南落基山是由两组南北方向的平行山脉组成的，其中海拔4200米以上的高峰有48座，是整个落基山脉中最雄伟的部分。

落基山脉是北美大陆最重要的分水岭，北美几乎所有的大河都发源于此。山脉以西的河流属于太平洋水系，山脉以东的河流分属北冰洋水系和大西洋水系。

仙乃日 · 央迈勇 · 夏诺多吉

亚丁三雪山

"在这个世界上，再也不会有如此美丽的风光等待着探险家和摄影家去发现了！"1931年，探险家约瑟夫·洛克以文字和图片的形式将亚丁三雪山刊登在美国《国家地理》杂志上，在美国引起了巨大的轰动，亚丁三雪山迅速闻名于世。

▌秀美的亚丁自然保护区

亚丁，藏语意为"向阳之地"，因日照时而得名。亚丁自然保护区位于四川省甘孜藏族自治州稻城县南部，地处著名的青藏高原东部横断山脉中段。亚丁自然保护区具有独特的原始生态环境和秀美的自然环境，这里的风景主要以雪山、河谷、牧场为主，于2001年6月被国务院评定为国家级自然保护区。

在亚丁自然保护区东部的小贡嘎山上，三座雪山直冲云天，这就是保护区的主体部分，由海拔6032米的主峰仙乃日和海拔同为5958米的夏诺多吉、央迈勇三座雪山组成。这三座雪山完全隔开，但相距不远。相传，公元8世纪，藏传佛教之宁玛教派的创始人莲花生大师为三座雪山开光，并以佛教中的三怙主——观音（仙乃日）、文殊（央迈勇）和金刚手（夏诺多吉）命名加持，所以佛教中称这三座雪山为"三怙主雪山"。

亚丁三雪山

仙乃日在藏语中意为观世音菩萨，是三座神山的北峰，是稻城的最高点。仙乃日顶峰终年积雪不化，远远望去，其山形酷似一个身体后仰的大佛，安详地端坐在莲花座上，怀抱一个巨大的佛塔，当阳光照在仙乃日神山上时金光灿灿。

夏诺多吉在藏语中意为金刚手菩萨，是三怙主雪山的东峰。它没有仙乃日的雄伟，也没有央迈勇的圣洁，却透着一股刚

毅。在佛教中，夏诺多吉是除暴安良的神祇，胯下围着斑斓的虎皮，腰间绕着罪恶的大蟒。

央迈勇即文殊菩萨，为三座雪峰的南峰，海拔5958米。文殊菩萨在佛教中是智慧的化身，雪峰像文殊菩萨用手中的智慧之剑直指苍穹，丰姿秀丽。她与另外两座山峰遥遥相望，互相呼应，各展风姿。

夏诺多吉的山型犹如大鹏展翅，直冲蓝天。

心目中的香格里拉。

亚丁三雪山超凡脱俗，玄妙而有灵性，让人叹为观止。亚丁稻城风光绚丽，透露出原始朴素的大美。千百年来，亚丁以其最具原始性和震撼力的自然风光，以及充满了神秘感和诱惑力的民俗文化，成为人们心仪的乐土净地，是当之无愧的"香格里拉之魂"。

亚丁三神山中，央迈勇是形体最美的雪山。它的峰型挺拔，像棱锥一样直指天庭。

亚丁稻城

稻城县位于四川西南边缘，甘孜藏族自治州南部，县城海拔约3750米。稻城亚丁是我国原始植被保护最完好的地区之一，也是人类至今尚未污染到的最后的净土之一，是世界的风光宝库，更是人们

央迈勇雪山脚下的牛奶海海拔为4500米，藏名叫"俄绒错"。

梅里雪山位于云南迪庆藏族自治州
德钦县和西藏察隅县的交界处。

转经朝圣者往拜的圣山之首

梅里雪山

在这片圣洁的冰雪世界里，面对眼前峰巅直指苍穹的卡瓦格博峰，我们已不知道什么是激动，什么是感慨，只是默然而敬畏地凝望，凝望……

卡瓦格博峰海拔6740米，是云南最高的山峰。

沿214国道由南进入德钦县，一列南北走向的白色巨大山系就会扑面而来。这就是由梅里雪山和与其紧密相连的太子雪山组成的云南最壮观的雪山群，海拔6000米以上，号称"太子十三峰"。数百里兀立绵延的雪岭雪峰占去德钦县34.5%的面积。它们各显其姿，又紧紧相连，其中卡瓦格博峰海拔6740米，是云南最高的山峰。

卡瓦格博峰

在宗教气氛浓郁的迪庆及周边藏区，藏传佛教的信徒们历来把这里当朝觐之地。卡瓦格博峰在藏族民间更充满宗教意味，位居藏区八大神山之首。藏文经典中称其为"绒赞卡瓦格博"，汉语意为"河谷地带险峻雄伟的白雪山峰"。卡瓦格博是佛教的保护神，统领许多地面之神，掌管雪山脚下人间的幸福和死后的归宿，福荫雪域。卡瓦格博像常被供奉在神坛之上，位于佛祖释迦牟尼像左侧，形象为身骑白马、手持长剑的英武战将。

太子十三峰

卡瓦格博和其周围诸峰，虽称"十三峰"，但语意是取"十三"这个藏语里的吉祥数，其实并不是准确的十三个雪峰，而是较多山峰的统称。诸峰中较有名的有面茨姆峰、吉娃仁安峰、布迥松阶吾学峰、玛兵扎拉旺堆峰。其中线条优美的面茨姆峰，意为"大海神女"，位于卡瓦格博峰南侧。传说中，此峰为卡瓦格博峰之妻。又有人传说

面茨姆为玉龙雪山之女，虽为卡瓦格博之妻，却心念家乡，所以面朝家乡的方向。意为"五佛之冠"的吉娃仁安峰，是并列排立的五个扁平而尖削的山峰，位于面茨姆峰北侧，海拔5770米。而传说为卡瓦格博和面茨姆所生的儿子的布迥松阶吾学峰，则位于五佛冠峰与卡瓦格博峰之间。卡瓦格博东北方向的守护神是玛兵扎拉旺堆峰，又称"无敌降魔战神"。

转山朝圣

在滇藏川青等地藏族人的意识里，不朝拜梅里雪山，死后就没有好归宿。所以，一直以来去往

梅里雪山的朝山转经者络绎不绝，虔诚尤甚者则匍匐而行。据说藏历羊年为卡瓦格博的本命年。每逢此年，来自四面八方的朝圣者牵羊扶杖，围着神山绕匝朝拜，其场面令人叹为观止。朝拜路线分为内转和外转两种。外转路线为顺时针方向绕卡瓦格博神山一周，内转者先到白转经堂（雪山对岸），视为拿到入神山宫殿的钥匙，然后到飞来寺、太子寺等，最后到雨崩瀑布。据佛教之说法，佛性的有缘之人都可在转经时得如意妙果，护佑今生来世。转经路上可见诸多嘛呢堆群，刻写堆集了朝拜者的朝佛心愿。

雪山如身披金甲的战神，高耸云端，横亘天际。

玉龙雪山山顶终年积雪，山腰常有云雾，宛如一条玉龙腾空。

丽江古城·东巴文化·纳西古乐

玉龙雪山

"丽江雪山天下绝，堆琼积玉几千叠。足盘厚地背擎天，衡华真成两丘垤。"（元·李京）诗中提及的雪山就是名传遐迩的玉龙雪山。雪山脚下坐落着历史悠久的丽江古城，古城居民纳西族人的东巴文化令世人惊叹不已。

人们在丽江纳西族文化博物馆中，可以欣赏到演奏洞经音乐的乐器说明。

玉龙雪山是北半球离赤道最近的山脉，处于青藏高原的东南边缘、横断山脉的分布地带，在地质构造上属横断山脉褶皱带。它是北半球纬度最低的并有现代冰川分布的一座极高山，由13座山峰组成，海拔均在5000米以上。群峰南北纵列，南北长约35千米，东西宽约20千米，山顶终年积雪，山腰常有云雾，远远望去，宛如一条玉龙腾空。玉龙雪山主峰扇子陡海拔5596米，是云南第二高峰，因山势陡峻，雄伟异常，迄今仍是无人登顶的"处女峰"。扇子陡与丽江古城仅隔15千米，高差却达3200米，山上万年冰封，山腰森林密布，山下四季如春，构成世界上稀有的"阳春白雪"景观。

丽江古城

丽江古城纳西名为"谷本"，意思是仓廪云集之地，汉名叫"大研镇"，"研"一般解释为"砚"。古城四周青山环抱，中间绿水萦绕，形如一方硕大的石砚，故名"大研镇"。丽江古城坐落在海拔2400米的滇西北高原上，始建于南宋，距今已有800多年历史，居住着4000多户人家。古城以"三山为屏"，背靠狮子山，西北和东北依象山及金虹山，形成一个半圆形的大屏风，挡住了来自北面玉龙雪山凛冽的寒风，形成一个四季如春的小气候。

古城内"三河穿城"，来自象山脚下的玉泉河水，分中、西、东三汊蜿蜒入城，在城内又分成无数条小支流，环镇越街、入院绕屋。水上座座石拱桥、栗木桥追随着流水，鳞次栉比的灰瓦土墙院落与水相依，形成了"小桥、流水、人家"的迷人景观。古城还用褐白相间的五花石铺就成一条条幽深狭窄的巷道，以四方街为中心，撒向古城的四面八方。

四方街纳西名叫"芝虑古"，意为"街的中心"，由四周拥挤的铺面围成一个方形的街面，故而得名"四方街"。据说，四方街的形状是模仿"知府大印"的形状而建，象征着权镇四方。四方街头枕西玉河，路面全部由五花石铺就，街面分类设摊点。四方街建于何时，或曰南宋末，或曰元初，但至明时已初具规模，则是肯定的。四方街又曾是滇西北名贵中药材集散地、藏族生活用品产销地，其皮制袭衣、图案垫褥、藏靴、藏铜锅等等远销藏区及国外。在四方街做买卖的大都为纳西妇女，所以四方街又被外人称为"女人街"。在一些男人们悠闲地放鹰撵山、演奏古乐的时候，妇女们却背着重物穿行在大街小巷里。

古城最让人魂牵梦绕的，就是它那舒缓而平静的百姓人家的居家生活。傍水而建的一座座小院落，多为三坊一照壁或四合五天井。家家庭院都是土木结构的古式建筑，融汉、白、纳西风格于一

玉龙雪山是北半球著名的现代冰川分布区，有丰富的冰川地貌景观。

炉，集艺术与实用于一体。院子里种满了各种各样的花卉，一个院子就是一个小花园。

宁静悠远的古镇能把你带到其他地方早已消失的历史氛围里，让你沉醉在那古朴、厚道、乐于生

丽江古城自古以来就是滇、川、藏的交通要冲，是茶马古道上的重镇。

活的民风之中。这正是丽江古镇的魅力。

东巴文化

1922年5月，美国学者洛克博士在访问玉龙雪山脚下的丽江及其周围的纳西族地区时，接触到了当地的一种奇特文化——东巴文化，并被其中称为"东巴经"的典籍所吸引。洛克发现，用来书写东巴经的文字是今天世界上唯一活着的象形文字。从此，云南纳西族的东巴文化开始受到世界各国学者们的关注。这些东巴经也被视

为人类启蒙时期的原始图画文字的珍本。

象形文字在纳西语中称"巴鲁纠鲁"，其意为见木画木，见石画石。由于它们只被纳西族祭司——东巴在宗教祭祀时用来记录他们在各种仪式上所口诵的祭词和仪式的程序，故被称为东巴文，已发现的单字有1000多个。据史学家考证，纳西族东巴文化有着悠久的历史，早在唐宋时期就创造了自己独特而辉煌的数千卷用东巴文写成的东巴经。东巴经所涉及的领域十分广阔，内容包罗万象，是认识和了解纳西族古代社会的一

部大百科全书。

纳西族古代称摩梭或么些，其祖先为中国古代羌族的一支，很早就生活在西北高原。后来纳西族先民越过巴颜喀拉山脉，向川康地区游牧，沿雅砻江、大渡河

继续向南迁徙，到达金沙江流域，并逐步由游牧转为定居。到了唐代，纳西族处在比之强大的吐蕃和南诏之间，曾受吐蕃和南诏的管辖和统治。在此情况下，汉、藏文化对纳西族产生了深刻的影响。这就使纳西族原氏族内部信奉的原始宗教在西藏苯教、喇嘛教、汉地佛教和道教的影响下，发展成具有纳西族社会特点的宗教——东巴教。而东巴教徒中的杰出人物，即被后世东巴们尊为教祖的丁巴什罗、阿明什罗等人，在11世纪以后开始利用早就产生于纳西族社会的象形文字，写经传教。东巴教、东巴经书的发展，促进了东巴文的发展，终使东巴文这一"世界

四方街街道最高处设有活水闸门，关闭时，河道中就会有清水溢出。

上唯一活着的象形文字"成为中华灿烂文化宝库中的一朵奇葩。

纳西古乐

纳西古乐被誉为"中国音乐的活化石"，其主要部分是"丽江洞经音乐"。洞经音乐是道教艺术中最具特点的一种说唱技艺，全称为"玉清无极总真文昌大洞仙经"。作为道家洞经会讲谈《洞经》时演奏的音乐，它以道教音乐为主要律调，又广泛吸收明、清之际流行的南北小曲、戏曲曲锦、昆曲唱段以及各种东西南小调，因而曲律显得雍容尔雅、庄严肃穆、悠扬俊逸。演奏洞经音乐的乐器都为传统古朴的民间器乐。打击乐器，道家称为"武乘"，有大鼓、小鼓、大锣、小锣、大钹、苏钹、面档、罐锣、韵锣、碰铃、小叉(钹子)、木鱼、提手锣、磬、点、朴钹等；弹拨乐器有古筝、三弦、双琴、碗胡、二胡；吹奏乐器有叭挖(唢呐)、叫吱(海笛)、笛子、洞箫等。演奏洞经时，各种器乐的排列有严格的规定和相应的演场规格。纳西古乐最突出

的特点是"三老"——古老的艺人、古老的乐器和古老的乐曲。乐队是世界上乐龄最长的乐队，有443年的历史。乐队的演奏者有许多人年龄在80岁以上。

耳闻缭绕清幽的洞经道家仙乐，令人心宁神静，顿生"高卧蓬莱与世忘"的出世之感，真是妙不可言。

东巴象形文字是一种十分原始的图画象形文字。

第四章
火山奇地篇

Part 4
Magical Volcanoes

　　火山经常给人类带来巨大的灾害，但它并非一无是处，有时也能制造奇观。有的火山口底部有岩浆湖，就像一锅滚开的粥一样，简直就是大自然的鬼斧神工之作。夏威夷火山群岛中的基拉韦厄火山口直径4000多米，深130米，在这个"大锅"的底部，就是一片深十几米的岩浆湖，有时湖上还会出现高达数米的岩浆喷泉。维苏威火山周围还遍布葡萄园和果园，山上高处遍布栎树和栗树杂木林……

欧洲西部的"高危险区"
埃特纳火山

在意大利南部的西西里岛上，耸立着一座独立的黑色锥形山峰，它常年喷烟吐火，从未间断，因此被意大利政府列为"高危险区"。尽管这样，它独特的风采依然吸引着大量的游客来此参观，它就是著名的埃特纳火山。

粗看起来，埃特纳火山与一般的山峰没有什么区别。但如果仔细观察就会发现，山脚下的火山灰就像一层厚厚的炉渣，凝固的熔岩随处可见。站在火山之巅，能感觉到脚底下的火山在微微颤动，这就是典型的火山性震颤。根据当地火山监测站的工作人员的观测，每天下午两点左右是火山震颤的最高峰。除

按人的意志流动

意大利政府在海拔2150米的熔岩主流道壁上炸出了一个缺口，从这个缺口到火山口挖出一条人工渠道，然后利用人工爆破的方法将从缺口流出的熔岩经人工渠道引入死火山口，使得火山的熔岩按人的意志进行流动，从而避免了因火山喷发造成的巨大灾难。

埃特纳火山最近的一次喷发是在2002年的10月，从火山口喷发出来的熔岩以每小时1000米的速度向下倾泻，吞没了大片的房屋和森林。

此之外，山体上还遍布着各种大大小小的喷气孔，喷气孔旁边经常有黄色的硫黄析出沉淀。这种种现象都说明埃特纳火山的活动性仍然十分强烈，它依旧蠢蠢欲动。

最活跃的火山

埃特纳火山是地球上最活跃，也是被记录最早的火山之一，从公元前1500年起，人类就有关于埃特纳火山的活动记载。据记载，到目前为止，火山爆发的次数已经超过了500次。埃特纳火山最猛烈的喷发是在1669年，那次喷发的场面十分可

怕，滚烫的熔岩从山口喷洒而下，淹没了14座城市，造成了2万余人丧生。喷发共持续了4个月，喷溢出来的沙子和火山灰等堆积物形成了一个高达137米的大山头。19世纪以来，火山的爆发更加频繁，爆发时红色的熔岩从火山口中喷出，烟火飞腾，映红天际。到了夜晚和凌晨，烟雾和熔岩与山下城市里的灯光交相辉映，形成了一道独特的景观，吸引着世界各地的游客前来参观。

火山带来的福音

尽管埃特纳火山爆发频繁，但在它的山麓及其附近地区仍然聚居着几十万居民。似乎他们与这座火山有着不解之缘，这是为什么呢？原来，火山灰堆积起来的肥沃的土壤为当地的农业生产提供了非常有利的条件，山脚下遍布着稠密的葡萄园、橄榄林、柑橘种植园，由当地出产的葡萄酿成的葡萄酒更是远近闻名。另外，火山喷发的奇景也为那里旅游业的发展提

这幅熔岩流的照片拍摄的是埃特纳火山1979年喷发时的景象。

供了良好的契机：由烧焦的火山石搭成的房屋、围墙呈现出一片黝黑的奇特景象；火山爆发休止时，火山口还终年冒着浓烟，晚上可以清楚地看到烟云上回照的熊熊火光。这些奇妙的景色吸引着成千上万的游客前来观光，为当地的经济注入了新的活力。

在埃特纳火山海拔900～1980米的地区是森林带，那里树木葱绿，主要树种有山毛榉、栎树、松树、桦树等，为当地提供了大量的木材。

维苏威火山

美丽面纱掩映下的残酷

维苏威火山位于意大利那不勒斯市的东南方，火山静静地矗立在那不勒斯湾的后面，从高空俯瞰，巨大的火山口近乎于圆形，不时冒出缕缕白色的轻烟，如梦境一般美丽。可是，就是这样美丽的外表下却是一副残暴的面孔，曾经有两座城市、几万个生命被它吞噬、埋没了近2000年。

历史上，古罗马曾经有两座著名的古城——庞贝城和赫库兰尼姆城。可是，自公元1世纪末，关于这两座城市的记载突然从历史上消失了。直到1713年，一

火山喷发物含有丰富的养分，它为当地的农业生产提供了有利的条件，在维苏威火山的山脚下，遍布着浓密的植被。

维苏威火山海拔1277米，是欧洲大陆唯一的活火山，它的火山口周边长约1400米，深216米，基底直径超过3000米。

位工人在挖井的时候，偶然掘出来一些石碑和大理石的希腊神像，从而引起了大规模的地下挖掘工作。挖掘工作一直持续了150年，直到1890年，这两座古城的历史风貌才逐渐呈之现在人们的面前。这两座城之所以被埋于地下，就是维苏威火山带来的巨大灾难。公元79年8月24日，沉寂了2000年的维苏威火山突然爆发，火山喷出的岩石碎屑四处飞溅，浓浓的黑烟夹杂着大量滚烫的火山灰铺天盖地降落到两座城市上，将它们笼罩在一片黑暗当中。随之而来的是滚烫的岩浆和巨大的泥石流，它们以每小时100千米的速度迅速地涌向这两座城市，只经过短短的18个小时，两座拥有几万人口的城市就被吞噬得无影无踪了。

庞贝城是一座典型的古罗马建筑，城市的街道规划得很整齐，像围棋盘一样井然有序。

发了10余次，最近的一次是在1944年。目前，火山正处于爆发结束后的一个新的沉寂期。

休眠的维苏威

今天，如果我们有机会来到维苏威火山，很难想象，1900多年前的那场巨大的灾难就是从如今这个富饶、安详的地方降临到周围的地区的。如今的维苏威火山口附近，由于大量的火山喷发物使得这里的土壤十分肥沃，遍布山麓的葡萄园、柑橘园使这里充满了勃勃的生机。只有从火山口冒出来的几缕蒸气提示我们火山存在的迹象。意大利政府把这里开辟为专门的旅游区，从那不勒斯湾到山脚下，一条登山缆车可以直达山顶，让人们乘坐缆车便可亲眼见到火山冒烟的奇观。但这不能说明从此以后维苏威火山就会安静下来，事实上，在那次灾难以后，维苏威火山又爆

这是从庞贝城发掘出来的太阳神阿波罗的雕像，这座雕像精美绝伦，显示了当时庞贝人高度发达的雕刻技术。

历史的标本

庞贝城已经重见天日了，穿行于这座有着近2000年历史的古城，参观者可以清晰地看到当时古罗马人的生活状况：古老的街道、圆形的剧场、壮丽的寺院、美丽的壁画和生动的雕塑，好像一幅幅历史的标本，向人们诉说那个时代的生活。

太阳升起的地方
哈莱亚卡拉火山

美国夏威夷群岛中的毛伊岛首府东南65千米处，有一大片荒凉之地，那里矗立着世界上最大的休眠火山——哈莱亚卡拉火山，"哈莱亚卡拉"在夏威夷语中是"太阳之家"的意思。

哈莱亚卡拉火山口是许多次火山喷发和长时间的风、雨以及流水侵蚀作用后的产物。

毛伊岛是夏威夷群岛中的第二大岛，面积1888平方千米，常住居民约91万人。毛伊岛以其秀丽的山谷著称于世，所以又被称为"山谷之岛"。在远古的地质年代，毛伊岛曾经是两座各不相连的小岛，后来随着频繁的火山运动，喷涌的岩浆不停地堆叠积累，终于把两座小岛连接在了一起，形成了现在的地貌。哈莱亚卡拉火山就坐落在东毛伊岛上，火山口深800

夏威夷雁又叫夏威夷鹅，是一种不会迁徙的陆栖鹅，十分罕见。它体长约65厘米，长有灰色和褐色的羽毛，翅膀较短，脚上长有蹼。

米，周边长34千米，火山口附近一片荒凉，到处是奇形怪状的熔岩和色彩斑斓的火山渣。火山口的底部还散落着许多火山岩"炸弹"，其实那都是冷却落地的熔岩碎片。其中最高的火山锥高出地面300多米，有两条山径相通。1961年，美国政府在这里成立了国家公园。在铺满黑色火山岩的火山口处观看日出是到毛伊岛旅游的最佳选择之一。

火山的喷发造就了毛伊岛上多变的风光，有些地区干旱、荒凉，寸草不生；有些地区却终日湿润、多雨，长满高大的热带植物。

公园生态

由于地处火山口，公园内大多数地区几乎寸草不生，但其东北角却雨量充沛，是树木、草和蕨类植物生长的绿洲。那里有罕见的银剑，这种奇异的濒危植物有既高且肥的茎，叶上面长着发亮的茸毛，能反射炽热的阳光。其植株形似莲座，可防止根部白天过热、夜间冰冻。这种植物的生长期需要7～40年，每隔10～15年才开一次花，花呈紫色，花管可长到一人多高，堪称花中一绝。最为奇特的是，花谢之日即为枯萎之时，让人不禁为之惋惜。公园里禽鸟极多，并且品种繁杂，有罕见的夏威夷雁等。夏威夷雁曾经是毛伊岛的常见动物，但后来被游客带入岛内的鼠之类的动物消灭了。直到20世纪60年代，经过人们的精心哺育，它们才又开始在这里繁殖和生长。火山口外坡的高山沼泽下方，绿色植物非常茂盛。沿东坡向下伸展的基帕胡卢谷风景秀丽，长有茂密的雨林和竹丛，每年都吸引着大批游客来此观光旅游。

普·奥·穆伊火山锥是哈莱亚卡拉火山中最高的火山锥，高出地面300多米，周围支路如网，和主火山相连。

火山女神之家

夏威夷火山群岛

在广阔的太平洋上，布满了星罗棋布的岛屿，夏威夷火山群岛就是其中之一。它们都是海底火山的产儿，至今仍在不断地"喷云吐雾"。相传，夏威夷火山是女神佩莉的家，她经常在太平洋诸岛上云游，只要火山开始活动，就是女神回家之际了。

冒纳罗亚火山海拔4170米，但这只是它露出海面的部分而已，如果从海底开始测量，它的高度已经超过了12000米，比陆地上的最高峰珠穆朗玛峰还要高得多。冒纳罗亚火山是世界海岛火山中最高的一座活火山。在过去的200年间，冒纳罗亚火山大约喷发过35次，至今山顶上还留有几个锅状的火山口。1959年11月，冒纳罗亚火山再次爆发，当时，沸腾的熔岩冒着气泡从一个长达800米的缺口处喷射而出，高度超过了纽约的帝国大厦。灼热的熔岩像一条巨大的火龙顺着山坡向低处流泻，行程50多千米，注入海洋，形成了一个新的岬角。1984年3月，冒纳罗亚火山又一次爆发，时间持续了3周，喷射出的火山熔岩流至20多千米外的希罗岛，吸引了大批的游客前来观光。

夏威夷群岛中的夏威夷岛位于火山群的中心，是夏威夷群岛中火山活动最频繁的地方。但由于这里的火山喷发出来的都是流动性的玄武熔岩，而不是爆炸式的火山喷发，因此，造成的损害很小。

冒纳罗亚火山是一座典型的盾形火山，而且每隔一段时间就爆发一次。图中显示的是1959年冒纳罗亚火山爆发时产生的绵长的岩浆河。

基拉韦厄火山

　　基拉韦厄火山耸立在冒纳罗亚火山的东南侧约32千米处，海拔1243米，是夏威夷岛上第二大火山。基拉韦厄火山的火山口是一个充满炽热岩浆的火湖，从上空俯瞰，巨大的湖口好像一口巨锅，里面的熔岩时而涌起，时而下落。每当火山强烈活动的时候，熔岩就会上涨，漫过湖边，形成十分壮观的熔岩瀑布。有时，熔岩还会喷向天空，变成形似头发的细丝随风飘荡，当地人称之为"壁垒发"，也就是"火神的头发"。1960年，基拉韦厄火山曾经有过

一次大喷发，喷出的熔岩直泻大海，填造了一片广达2平方千米的新地，这就是今天的凯姆海滩。尽管基拉韦厄火山活动频繁，但由于它很少有猛烈的爆发和大量水蒸气的喷射，显得很"文静"，因此成为了人们观赏和科学考察的好地方，目前，

基拉韦厄火山最近一次爆发是在1983年1月2日的午夜，火山喷发出来的岩浆高达300米，灼热的熔岩顺着裂缝汹涌而出，绵延了近8000米。至今，火山口仍然烟雾缭绕。

这里已成为世界上最重要的地震火山研究中心之一。

夏威夷火山公园

　　夏威夷火山公园坐落在夏威夷群岛上。美国作家马克·吐温曾经称它为"太平洋中最美丽的岛屿"。1778年，英国探险家库克为了寻找大西洋与太平洋之间的最短航程，无意之中发现了夏威夷群岛，从此开启了西方人士的探寻之门。在接下来的100多年的时间里，大批的探险家、科学家不辞辛苦来到这里，沿着陡峭的火山口壁寻找与地球其他地方全然

迥异的风光。1900年，夏威夷群岛成为美国领土的一部分。1916年，美国政府宣布将这里划定为国家公园，对其中的地质和动植物进行保护性的研究。今天，公园的面积已经达到了近1000平方千米，包括了冒纳罗亚和基拉韦厄这两座著名的火山和火山周围的生态群落以及海边的原始森林。

旅游胜地

　　由于都是火山岛，夏威夷群岛各个岛屿都是地势起伏的山地和丘陵，平原很少。这也形成了夏威夷群岛美丽独特的自然景色。

　　虽然夏威夷群岛位于热带太平洋上，但气温并不很高，也不太潮湿，一年四季

桃金娘树是夏威夷火山群岛上分布最多、最广的树种，树高可达6米。桃金娘花的花蜜十分香甜，是岛上许多鸟类的主要食物来源。

气温都在14~32℃，变化很小，很适宜人们的生活。山区的气温更加凉爽宜人。夏威夷群岛雨水充沛，许多丘陵和山地，都被浓密的森林和草地覆盖着，显现出自然景色的优美。

同时，夏威夷群岛还有自己的岛花——红色的芙蓉花。在夏威夷各岛上，一年四季都可以看到盛开的鲜花。由于各种植物和花卉生长繁茂，夏威夷群岛的昆虫也是最多的，仅蝴蝶就有万种以上，而且有些品种是这个群岛上特有的。其中有一种蝴蝶称为"绿色人面兽身蝶"，是一种世界上少见的大蝴蝶，它的翅膀展开时长达10厘米。所以，许多昆虫爱好者和研究人员，都要到这个岛上来研究和采集蝴蝶标本。

夏威夷群岛的海滨也非常美丽，那里有广阔的沙滩和深蓝色的海洋，是供人们游泳、冲浪和各种水上活动的好地方，其中威基基海滩是世界上最著名的海滩。另外，在海边的林荫道旁，还生长着许多椰

由于夏威夷火山地处大洋中央，火山喷发的熔岩最后往往融入水中，在水面上形成大量的蒸汽。

子树，更显示出热带海岛风情。

未知的命运

在夏威夷火山公园的另一个尽头，地球内部最热情的力量都归为平静，那就是海洋。当炽热的岩浆喷涌而出时，它们不会遇到任何阻挡，直到海边。在这里，冷热空气在一瞬间撞击形成强烈的爆炸，在一阵烟雾升腾之后，海岸线上又多了一块岩石。就这样，夏威夷群岛在不断地增长，但这种增长并不是无止境的。据科学家推测，如果遇到能量空前巨大的火山爆发，整个岛屿就有可能塌陷进而被全部淹没。在过去的历史上，这样的例子在地球的很多地方都发生过。夏威夷群岛的命运会怎样？火山公园里那些岩浆和蒸气能预知吗？这其实是一个人类无法解答的问题。

夏威夷岛上的土著居民是1000~1500年前航海到岛上的，他们没有文字，因此都是用图形来记录自己的历史。

在维龙加山脉西北部海拔300米以上的地方生有大片竹林，是一些高山生物的家园。

火山的家乡
维龙加山脉

维龙加山脉是刚果民主共和国、卢旺达和乌干达三国的交界线。在这座绵延只有百余米的山脉上矗立着8座火山，是世界上最著名的火山群之一。至今，这里的许多火山口的熔岩还在活动，使这里成为名副其实的"火山的家乡"。

尼拉贡戈火山位于维龙加山脉西端，是非洲最危险的火山之一。尼拉贡戈火山火山口直径2000米，深244米。从诞生至今，尼拉贡戈火山一直保持着活动的状态，每天释放出来的二氧化硫气体达数万吨。

位于维龙加山脉西端的尼拉贡戈火山形成还不到2万年，是地球上最年轻的火山之一。

尼拉贡戈火山的山顶火山口内还有一个活动的熔岩湖。那里烈焰飞腾，上千摄氏度高温的岩浆蠢蠢欲动。与其周围低平的盾形火山不同，尼拉贡戈火山为具有陡坡的层状火山，大约100座寄生锥呈放射状分布在火山的裂隙，山顶的东部，以及沿东北－西南带扩展到基伍湖的地区，许多火山锥都被侧向溢流的熔岩流埋葬了。

在山脉的低海拔处分布着大量的沼泽，遍布着纸莎草和芦苇的沼泽地是大象等野生动物的理想栖息地。

2002年1月17日，尼拉贡戈火山再度爆发，附近近10万居民被迫逃离家园，进入卢旺达吉塞尼镇。尼拉贡戈火山这次喷发出的岩浆不是从火山口流出的，而是从山坡上的三个裂口流出，岩浆摧毁了沿路数十座房屋。

维龙加国家公园

维龙加国家公园坐落在东非大裂谷的大断层陷落带，横跨赤道线。生态环境的多样性是维龙加国家公园的最大特征。公

园内既有灌木和乔木杂布的草原景观，也有纸莎草和芦苇遍布的沼泽地，还有遮天蔽日的热带雨林以及分布在山坡上受山地气候影响的山地森林。此外，公园内还分布着繁盛的竹林。如此丰富多彩的植被分布，使维龙加国家公园享有"非洲缩影"的美称。

由于维龙加地区拥有复杂的植被及多样的生态系统，许多习性不同的动物都能在这里找到适合于自己的生存环境。大象、野牛、豹子等经常出没于森林之中，有时甚至还来到竹林地带觅食、活动。同时这里还为一种濒临灭绝的珍稀动物——山地大猩猩提供了良好的生活环境和丰富的食物来源，使这种在其他地方已不多见的动物能在这里繁衍生息。

1979年联合国教科文组织将维龙加国家公园作为自然遗产，列入《世界遗产名录》。

尼拉贡戈火山口内有两层环形台地，它们代表了前几次喷发时岩浆曾经到达的高度，如今，平台已经不见，而是形成了独特的森林生态。

南极大陆的火神

埃里伯斯火山

在冰天雪地的南极大陆，有一处奇特的地方，那就是埃里伯斯火山。1908年，澳大利亚地质学家戴维第一次登上山顶时，发现三个火山口不断地吐出蒸气，并且伴有断断续续的轰鸣声，听起来让人胆战心惊，于是他形象地把这里称为"南极大陆的火神"。

漂浮的冰块是从埃里伯斯火山下面的罗斯冰架上分离出来的，至今还处在不断漂移中。

埃里伯斯火山位于南极洲罗斯海西南的罗斯岛上，是地球上位置最靠南的活火山。1839年，英国探险家罗斯率领着他的探险队乘坐"埃里伯斯号"轮船去南极探险，在靠近今天的罗斯海的附近，突然见到一个岛屿上升起熊熊的火光，经过探测，发现是一座正在喷发的火山，于是，就把它命名为"埃里伯斯火山"。这座火山海拔3794米，基座直径约30千米，

埃里伯斯火山

火山口呈椭圆形，深约百米，四壁很陡。巨大的火山口里冰川叠砌，蔚为奇观。由于地处极寒地区，火山喷出的蒸气凝结成高达数米的冰塔，冰塔又被继续喷出的蒸气穿透成为一个冰洞，蒸气沿着冰洞上升，在冰洞中凝结成晶莹的冰花，构成了一幅美丽的大自然画卷。

被吸引到埃里伯斯火山来的不仅仅是地质学家。植物学家们对高耸于该山两侧的特拉姆威山脊有特殊的兴趣，在那里的火山喷气孔区暖湿地上滋生着丰富的植物。

南极洲干谷

南极大陆大部分地区都被冰雪覆盖，即使在短暂的夏季，也只有不到5%的岩石裸露区。但就在这一望无际的冰天雪地里，却有一处奇特的地方，它是三个巨大的盆地，里面没有一片雪花，和四周的

南极洲干谷的年降水量只有25毫米，即使下雪，也会立即被干燥的风吹走。

南极洲干谷的空气又冷又干，散落在里面的海豹的尸体经年不坏。

景色形成了强烈的对比，这就是南极洲干谷。干谷四壁陡峭，呈"U"字形，是由巨大的冰川切割侵蚀而成的，现在冰川早已融化，只留下了这些黑褐色的谷地。干谷的范围很大，里面一片荒凉，没有任何绿色的植物，因此也被称为"赤裸的石沟"。每个干谷都有盐湖，其中最大的是万达湖，它有60多米深，湖面上有一层约4米厚的冰层，在晴天里闪烁出天蓝色的光泽。

火山地质

根据现有的资料分析，南极洲的冰盖下面是一块面积约1242万平方千米的基岩，它是一个不对称的地垒，是一系列由断层山脉组成的地垒式山地，由于下降部分的地壳极不稳定，所以形成了今天的埃里伯斯火山。

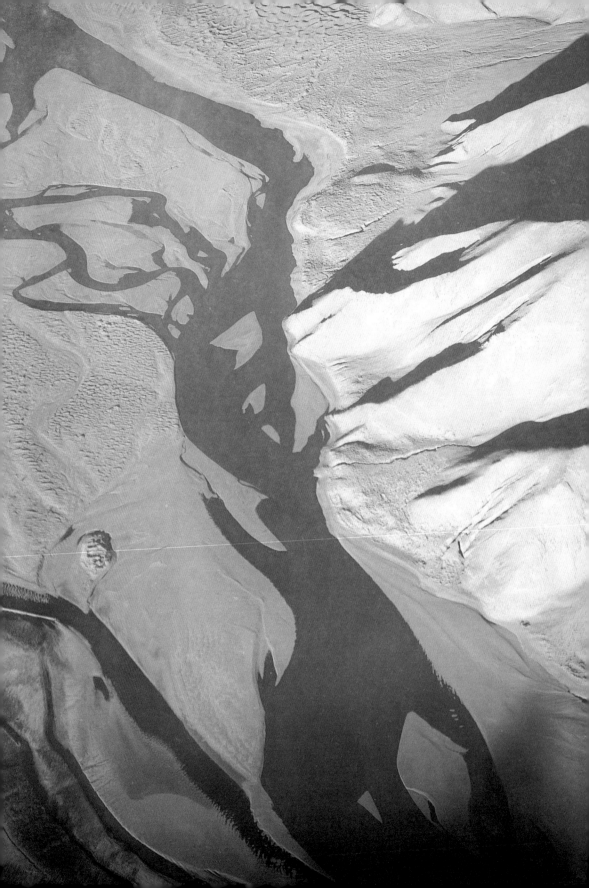

第五章
峡谷沟壑篇

Part 5
Canyons and Gulches

　　峡，是两山夹水的地方；谷，是两山或两块高地中间的狭长而有口的地带。中国山川浩大，峡谷沟壑也多如牛毛。雅鲁藏布大峡谷以平均5000米以上的深度、80～200米的谷底宽度和约496.3千米的长度，名列世界第一大峡谷；四百里长江三峡，无峰不雄，无滩不险，我们的祖先从这里迈开初始的步伐进入文明社会，而今，世界上最大的水利工程——三峡工程，已经把"高峡出平湖"的蓝图变为现实；虎跳峡凶险绝伦，江水在约30千米长的峡谷中一连跌落213米，激流澎湃，锐不可当……

美国的"兵马俑"
布莱斯峡谷

在美国犹他州的西南部，一条深达2400米的峡谷横穿科罗拉多高原。站在峡谷顶部向下望，密密麻麻的石柱无声无息地耸立在峡谷的底部，仿佛成千上万整装待发的将士，难怪有人把它们称作美国的"兵马俑"。

这些奇形怪状的石柱是千百年来在大自然风霜雨雪的侵蚀雕刻下形成的。

根据当地印第安人的传说，这些奇形怪状的岩石原本是一个部落，因为得罪了神而被诅咒成为石柱。事实上，这些神奇石柱的形成全都依赖于大自然的鬼斧神工。

大约在六七千万年前，布莱斯峡谷地区还是温暖的内陆海，后来，含有大量金属元素的沉积物不断地在海床上堆积，再加上地壳的运动，原来的海水渐渐后退消失了，海床变成了陆地。再经过长久的侵蚀风化，最终形成了各种造型奇特的岩石柱。由于峡谷的岩石中富含铁质和锰质，因此在漫长的风化过程中被氧化为深浅不一的紫红颜色，在阳光的照射下五彩斑斓、瑰丽夺目，呈现出梦幻般的意境。

美国其他地方也有这样的岩石地形，但只有这里的石柱数量最多，分布也最密集。

公园独特的地貌特征和生物群落反映了北美大陆形成时期的地理运动情况。

峡谷国家公园

布莱斯峡谷国家公园成立于1928年，占地面积151平方千米。通红似火的峡谷里怪石嶙峋，大大小小的尖塔，看起来犹如一尊尊变幻无穷的人偶。

在这些火红的悬崖峭壁间，往往还会发现恐龙和爬虫时代的化石。峡谷的山岩间长有大片的森林和草原，为各种小型哺乳动物、鸟类和美洲狮等大型食肉动物提供了栖息地。

驼鹿为公园里最常见的大型哺乳动物，冬季时会迁徙到海拔较低的地区以躲避寒冷的袭击。

每年还有超过160种鸟类造访公园，另外，这里还有一些可爱的小居民——黄鼠和旱獭，即使在寒冷的冬天它们也舍不得离开这里，而是选择冬眠的方式来度过寒冬。

人类足迹

根据考古学家对于布莱斯峡谷所做的考古研究显示，至少在10000年前，此地就有人类居住。他们被称为派尤特人，是美国早期的土著人种，以打猎和采集野果为生，但偶尔也会种植部分农作物来补充食物的来源。关于诅咒的传说就是从这个民族流传下来的。

荒凉而神秘的狭长谷地
死谷

在美国加利福尼亚州与内华达州交界处有一条南北走向的狭长谷地，两侧是高耸的悬崖峭壁，那里的气候干燥难忍，甚至终年滴雨不下，是世界上自然景观中最为荒凉和自然条件最为严酷的地区之一，它就是——死谷。

死谷周围山势起伏多样：或呈波涛形，延伸连绵，起伏不断；或似楼阁城墙，巍峨矗立。由于这里气候恶劣，山上几乎没有植物，裸露的山石在阳光下呈现出斑斓的色彩。

死谷是一条又长又深的断层陷落的谷地，长225千米，宽6～26千米，最低处低于海平面85米，是西半球陆地上最低的地区。死谷形成于300多万年以前，由于强烈的地壳运动，部分岩块凸起成山，部分岩块倾斜成谷。到了冰河时代，排山倒海的积水灌入较低的地势，又经过天长日久的侵蚀、风化，终于形成了这个神秘荒凉的谷地。死谷的自然条件极其恶劣。夏季平均气温在52℃左右，1913年的夏季

死谷中的黄色、褐色和棕色来自于山体中的含铁无机物，而绿色和深灰色则来自于火山灰和火山熔岩。奇特的山色使得死谷成为许多科幻电影的外景地，电影《星球大战》的许多镜头就是在这里拍摄的。

"恶水"盆地

大约300万年以前，死谷是一片巨大的盐湖，后来，由于强烈的蒸发作用和地壳的变动，盐湖变成了盐沼泽，留下了不少奇异的地貌，"恶水"盆地就是其中最著名的一处，这是一片巨大的盐碱地，一眼望去，满目荒凉。

动物来说却是难得的繁衍之地。美洲狮、野山羊、大袋鼠、狐狸、眼镜蛇等26种动物在这里栖息，另有14种鸟类在山上筑巢。让人更为惊异的是，内华达山脉与谷地的交汇处，沟壑纵横、怪石林立，夜晚看来阴森恐怖，但一到白天，在阳光的照射下，这些风貌不同的山峰又呈现出瑰丽的色彩，因此被人们称为"画家的调色盘"。1993年，美国在这里建立了死

曾有过57℃高温的历史记载。降水也很稀少，平均年降水量仅为42毫米，最多的年份也只有114毫米。谷底部干涸的阿马戈萨河床上乱石嶙峋。谷中央是一片155平方千米的沙丘群，是谷地中最荒凉的地方。1849年，一队移民误入谷地，迷失了方向，饥饿、干渴和各种虫豸的袭击，几乎使他们全部覆灭，有幸走出死谷的幸存者鉴于这里的险恶荒凉，于是把它命名为"死谷"。

死谷生机

死谷看上去满目荒凉，神秘莫测，但大自然的演变和气候的变化给这里留下了丰富的矿藏——硼砂矿和盐矿。19世纪80年代以后，人们在附近又发现了铜、金、银、铝等矿藏，使这里一度成为热闹的采矿"基地"。而且人迹罕至的特殊环境对

5000～2000年以前，死谷附近还有一个浅湖，后来，随着气候的变化，湖水逐渐蒸发，最后在该湖最低处留下了一层盐，形成了我们如今所看到的盐盆。

谷国家公园，吸引着大批的游人到此旅游观光。

死谷探险

虽然死谷地势荒凉、险象环生，但因为里面蕴含着丰富的矿产，所以一度成为许多探险家和淘金者的乐园，但许多人却都因此有去无回，丧失了性命。20世纪80年代，法国探险家克里斯蒂昂·诺，骑着自己设计制造的一辆三轮帆车，用了4天的时间，独自穿越了这条荒无人烟的"死亡地带"，为人们闯出了一条穿越死谷的新路。三轮帆车是一种两用的交通工具，有风时靠风帆带动小发动机行驶，无风时用备用的自行车脚踏盘系统行驶。克里斯蒂昂只带了一些生活必需品：水、食物和一些修理工具，就出发了，他每天清晨5

在世界上一些人迹罕至的地方还隐伏着许多死谷：有的是人类的坟墓，却是动物的天堂；而有的则固执地杀掉每个闯入的生灵，弥漫着死亡的气息。

点出发，4天之内，帆车轮胎曾爆裂过18次，但他仍以惊人的毅力，穿过沙地和盐湖，翻越了海拔1000米的山道，成功地走出了"死亡之谷"，为人类在"死谷"的探险史揭开了新的一页。

死谷里的"淘金梦"

自从1849年，第一批淘金者偶然造访死谷后，一百多年来，有关死谷藏有大量金矿的消息越传越多，吸引了大批淘金者的到来，一时间，死谷成了淘金者的圣地。有些淘金者发了财，但多数都将性命断送在短暂而冒险的采矿活动中。斯基杜就是当时一个相当有利可图的金矿所在地，在20世纪初，它的巅峰期曾住有五百多名居民。从那里有条电话线通向紧靠死谷的莱奥利特。1906年莱奥利特曾有游泳池及剧场各一个，还有56家酒吧，淘金者可以将赚取的钱用来享用一番。1911

从1849年开始，死谷兴起了一股狂热的淘金热潮，但由于这里的气候实在恶劣，采矿业难以继续，喧嚣过后，这里终于又归于沉寂与荒凉。

年，莱奥利特废弃了，逐渐破落而成为阴森的废城。

神奇的"走路石"

死谷中的自然奇观很多，这里有着壮观的沙漠景致、罕见的沙漠生物、奇特的地理特征、沉睡的荒野和不少历史遗迹。例如，在死谷的西北角，人们就发现，那里的石头竟然像动物一样，会穿梭、走路。1969年，美国科学家夏普针对这种特殊的现象进行了研究。他把25块石头按从小到大的顺序排列，还用木桩准确地标出了它们的位置。经过观察，他发现这些石头都做了短距离的移动，有的向同一方向运动，有的却改变了方向，在沙漠上留下了弯弯曲曲的足迹。其中有一块竟然连续爬了几段坡，行进了64米。

死谷的干盐湖地面上有许多这样的石头滑过留下的痕迹，据说石头在地面上滑动的速度可以达到1米/秒。

但是，石头怎么会移动呢？夏普认为，这是风和冰相结合的结果。在天气条件正好合适的情况下，平坦的干盐湖上就会结一层薄薄的冰，这时，如果有强大的飓风刮过死谷，就会使石头在平滑的冰面上移动，因此，产生了"石头走路"这种奇特的现象。

美国以外其他地区的死谷

与美国的死谷同样令人生畏的谷地还有意大利那不勒斯附近的一个"死亡谷"，这里被当地人称为"动物的墓场"，无论是飞禽还是走兽，只要来到这里都逃不脱死亡的厄运。另外，印度尼西亚的爪哇岛、俄罗斯的堪察加半岛克罗诺基山区也有类似的"死谷"。

活的地质史教科书
科罗拉多大峡谷

不管你走过多少路，不管你见过多少名山大川，这个科罗拉多大峡谷，色调是那么新奇，结构上是那么宏伟，仿佛只能存在于另一个世界，另一个星球。

——约翰·缪尔

在美国西部亚利桑那州西北部，奔腾的科罗拉多河日夜不息，汹涌向前，在广阔的凯巴布高原上切割出一道令人震撼的奇迹——科罗拉多大峡谷。峡谷大体呈东西走向，东起科罗拉多河汇入处，西到内华达州界附近的格兰德瓦什

由于河谷地层在结构、硬度上的差异和河水千万年的冲刷，在长长的峡谷间，谷壁地层断面节理清晰，层层叠叠，记录了不同时期的地质史。

科罗拉多大峡谷是地球上景色最壮丽的地方之一，1903年美国总统罗斯福来此游览时，曾感叹地说："大峡谷使我充满了敬畏，它无可比拟，无法形容，在这辽阔的世界上，绝无仅有。"

崖附近，形状极不规则。峡谷顶宽6000～13000米，往下收缩成V字形，两岸北高南低，平均谷深1600米，谷底水面最宽处超过千米，最窄处仅为120米。科罗拉多河在谷底咆哮而过，形成两山壁立、一水中流的奇特景观。峡谷山石多为红色，从谷底到顶部分布着从寒武纪到新生代各个时期的岩层，层次清晰，色调各异，并且含有各个地质年代代表性的生物化石，记录了北美大陆的沧桑巨变和生物演化的进程，俨然一部"活的地质史教科书"。

峡谷岩石

　　大峡谷的岩石包括砂岩、页岩、石灰岩等，自谷底向上按水平层次排列。这些岩石质地不一，而且颜色会随着不同季节里植被、气候的变化而发生改变，构成了一幅变幻莫测的自然画卷。

峡谷物候

汹涌的科罗拉多河从峡谷中间穿过，形成了峡谷南北两岸不同的气候。南岸大部分地区海拔1800～2000米，年平均降水量仅为382毫米。而北岸要比南岸高出400～600米，年平均降水量达到685毫米，因此这里的植物分布呈现出明显的垂直变化。从谷底的亚热带仙人掌、半荒漠灌木，向上依次更替为温带和寒带的橡树、松树、云杉和冷杉林。大峡谷中还栖息着大约70种哺乳动物、40余种两栖和爬行动物，其中凯巴布松鼠、玫瑰色响尾蛇都是世界上绝无仅有的。另外，峡谷中还生活有230种鸟类，其中不乏珍稀的白头鹰、美洲隼等。

峡谷两壁及谷底气候、景观有很大不同，南壁干暖，植物稀少；北部高于南壁，气候寒湿；谷底则干燥炎热，呈现出一片荒漠景观。

科罗拉多河全长2320千米，在西班牙语中是"红河"的意思，这是因为河水中夹带着大量的红色泥沙，因此得名。

峡谷的变迁

亿万年前，大峡谷所处的地区还是一片汪洋大海。后来一场剧烈的造山运动使它不断抬升。然而，由于这里的石质松软，经过湍急的科罗拉多河数百万年的冲刷，两岸的岩壁被切割成今天这个全程近400千米、宽约20千米的世界著名峡谷。

俯瞰峡谷，科罗拉多河像一条绿色的飘带蜿蜒曲折、轻溢流动。真让人难以想象，就是这样一条"小河"，曾经携带着上百万吨的泥沙，用了近260万年的时间，从科罗拉多州的落基山咆哮而下，造就了今天原始荒蛮、苍茫深邃的科罗拉多大峡谷。正像美国当代作家弗兰克·沃特斯所写："这是大自然各个侧面的凝聚点，这是大自然同时的微笑和恐惧。在它的内心充满如生命宇宙脱缰的野性愤怒，同时又饱含着愤怒平息后的清纯，这就是创造。"

河水携带的泥沙和石块不断地摩擦峡谷，使得河道两边的峭壁奇形怪状。

漫长的地质史

大峡谷之所以名扬天下，不仅是因为其气象万千的自然风光，更在于它水平叠起的岩层。它就像一部活的"地质百科全书"，记录了地球 5 亿年来的沧桑巨变。

大峡谷两侧的崖壁上，有着各个不同地质时代的岩层，层次清楚，色泽鲜艳。由上而下，有前寒武纪、古生代、中生代各个时期的岩层。在层层叠叠的中生代和古生代岩层中，还含有十分丰富的标准化石，有原始的单细胞植物、原始鱼类、三叶虫、昆虫、羊齿植物，也有巨大的爬行类动物等等。总之，各个地质时期的代表性生物化石应有尽有。

科罗拉多大峡谷就像一卷无字图书，记录了地球生物的演化过程，为人类揭开地层和生物的演化奥秘提供了丰富的实物证据。

这些层次分明的岩石代表着不同地质时代的特征，颜色各异，褐色的、黑色的、红色的、紫色的，相间成趣。正是因为这些五彩缤纷的岩石、矿物，才使大峡谷的景观缤纷多彩，瞬息万变，奇妙无比。

峡谷很深，因此底部温暖，水汽很容易在峡谷上空形成美丽的彩虹。

大转弯

被河流切割出来的特殊地带

鸟瞰美国德克萨斯州地区，你会发现在西南角有一块浓重的绿色，那里地形多变，各种鱼类、鸟类自然生息，安静的格朗德河蜿蜒而过，这就是被当地人称为"自然海岸"的大转弯国家公园。

格朗德河宽50米，长约3000千米，蜿蜒的河水从奇索斯山高大的山崖下流过，天长日久，将两岸的岩石侵蚀出许多美妙的景象。

大转弯国家公园是德克萨斯州有名的旅游胜地，格朗德河切割南落基山脉在这里形成一个几乎呈直角的峡谷地带，大转弯也由此得名。公园建于1949年，占地面积将近3000平方千米，经过格朗德河亿万年的冲刷，公园里形成了三个巨大的峡谷：博基拉斯峡谷、马里斯卡尔峡谷和圣曼伦娜峡谷。这里一度曾是印第安人的聚居之所，现在则成了游客的栖息地。从高处俯瞰，整个公园呈现出一片荒原景观，无边的沙丘一直延伸到天边。巨大的奇索斯山脉像一堵墙横亘在公园的东部，黄昏时候，夕阳照在山脉上，山上的石头反射出通红的光，像着了火一样，蔚为奇观。穿过公园，到达博基拉斯峡谷的尽头，就是墨西哥的国土了，用土坯修建的墨西哥村落静静地眺望着对面的公园，别有一番情趣。

据说，大转弯国家公园过去像黄石国家公园那样，是地壳的一个热点所在处，拥有数不清的热喷泉。火山运动转移离开后，这些喷泉的泉眼被不同的砂石填满，又经过年月风霜的侵蚀后，这些泉眼便露出来了，因此知情的人还可以认出一些喷泉化石呢。

奇索斯山脉位于大转弯地区的中心地带，形成于4000万年前大规模的火山爆发。奇索斯山脉上生长着大量奇怪的生物，山脚下，巨大怪异的龙舌兰吸引着世界各地的生物学家来这里考察。

火山奇迹

　　公园的西部也是一片荒漠地带，但却与其他地方给人的千篇一律的单调感觉截然不同，这里充满了火山运动的痕迹。在大约4000万年以前，这里曾经是一片地壳运动非常活跃的地区，公园里著名的奇索斯山脉就是那时大规模的火山爆发形成的。最为奇特的是，这里的山脉颜色多姿多彩，除了红色的奇索斯山之外，还有包括绿色在内的多种颜色的火山灰堆积而成的山羊山。在公路的两旁，还有一些白色的小山丘，那是由白色的火山灰凝固而成的。据考证，在远古时期，这里和黄石国家公园一样，是地壳的一个热点所在，拥有数不清的热喷泉。火山运动转移后，这些喷泉的泉眼被不同的沙石填满，又经过长年累月的风霜侵蚀，便逐渐形成了现在这种奇特的景色。

埃莫瑞峰是奇索斯山脉的主峰，高约2347米，这么高的海拔使得那里的生物丰富多样。

荒原上的生物

　　虽然公园地貌荒凉，但在奇索斯山脉的主峰埃莫瑞峰上，却别有一番景色。山上气候凉爽，树林茂密，但由于四周都是荒漠，非常炎热，因此山上的动植物世世代代被"困"在那里，与世隔绝地繁衍，形成了一个奇特的生态岛屿。

科尔卡大峡谷

秘鲁境内高耸入云的安第斯山脉中，有一个鲜为人知的峡谷，深度是科罗拉多大峡谷的两倍，被誉为世界上最深的峡谷，这就是科尔卡大峡谷。令人吃惊的是，峡谷中屹立着许多锥形火山，顶部为圆形的火山口，好像月球上的环形山全部转移到了这里。

科尔卡大峡谷深约3203米，是目前所知世界上最深的峡谷，看起来像是一把巨大的砍刀在安第斯山脉上拦腰砍了一下。这里景象诡异，十分奇特。在科尔卡大峡谷的山脉间有一条64千米长的山谷，被称为火山谷，谷底林立着86座锥形火山，有的高达300米。它们有的从原野上隆起，有的位于山麓周围，已经固化成黑色熔岩。在一些火山锥上还有仙人掌和粗茎凤梨等植物。在火山谷和太平洋之间还

安第斯山脉有许多常被云雾笼罩的山峰，它们屹立于谷地之上，高达3200多米。

有些生物学家认为蒲雅中含有吸收鸟类的化学物质，能把小鸟"吃"掉。

有一条热沙沟，名叫托罗·穆埃尔托，里面堆积着白色砾石。让人奇怪的是，好些砾石上面刻有代表太阳的圆盘形物体、各种几何形状、蛇、美洲驼以及戴着奇形头盔（像宇航员的头盔）的人，直到现在也没有人知道这些图形是谁雕刻的，具体代表着什么。

神秘的蒲雅

科尔卡地区土地贫瘠，谷壁上只长有一些蒲雅属植物，它们高约1米，主干很粗，叶子边缘长有锋利的弯钩，向四面八方伸出。令人感到惊讶的是，在蒲雅的周围经常有许多小鸟的尸骸。

在峡谷里，气候变化很大，可以从最冷到底部的半热带气候，从早晚的1.2℃到中午的25℃，每天的气温变化很大。这里生长着20多种仙人掌和170种飞禽，其中最大的飞禽是山鹰，每只翅膀的长度是1.2米左右，被认为是世界上最大的飞禽。

峡谷成因

峡谷的地质成因与该地区存在地幔上涌体引起的热力抬升有关，是地幔上涌体或地幔热涡作用的结果。在这里，岩浆作用表现为喷发形式出露于地表，组成峡谷一侧的高山地幔物质的上涌，物质流的左旋运动，强烈的挤压，以及多阶段、非均匀、不等速的强烈上升作用，造就了现阶段大峡谷地区的山河（它的高山峡谷的表现、结构和组合），而"热涡"作用显然

科尔卡大峡谷中巨大的火山口周围屹立着许多火山锥，好像月球的表面一样。

也参与了大峡谷作为水汽通道存在的形成和作用过程。它引起岩石圈的减薄和类似的岩浆作用，使得相应的地壳快速抬升从而形成了科尔卡大峡谷。

科尔卡大峡谷

地球上的一道伤疤
东非大裂谷

如果乘坐飞机飞越浩瀚的印度洋，进入东非大陆的赤道上空，从机窗向下俯视，就可以发现地面上有一道硕大无朋的"刀痕"呈现在眼前，这就是著名的东非大裂谷。裂谷宽50～80千米，最深的地方超过2000米，长度相当于地球赤道周长的1/6，人们形象地将其称为"地球上的一道伤疤"。

这是从太空中拍摄到的东非大裂谷的北段，位于非洲板块和阿拉伯板块之间，被水淹没的断层形成了苏伊士湾（左）和亚喀巴湾（右）。

东非大裂谷南起赞比西河的下游谷地，向北延伸到马拉维湖北部，并在此分为东西两条。东面的一条是主裂谷，穿越坦桑尼亚中部的埃亚西湖、纳特

▌东非大裂谷自然风光

龙湖，经肯尼亚北部的图尔卡纳湖以及埃塞俄比亚高原中部的阿巴亚湖，继续向北直抵红海和亚西湾，全长5000多千米。西面的一条经坦噶尼喀湖、基伍湖一直到苏丹境内的白尼罗河，全长1700多千米。从整个非洲大陆来看，东非大裂谷是全非洲最高的地带，属东非裂谷高原区，总面积500多万平方千米，占非洲面积的1/6，非洲几座海拔在4500米以上的高峰，全部分布在这个自然区域内。

东非大裂谷是因为地球内部的构造作用形成的，但据推测，数百万年后，强烈的侵蚀作用会将它们夷为平地。

裂谷的形成

东非大裂谷是一个断层陷落带，是在地壳运动过程中由巨大的断裂作用形成的。大约3000万年以前，这一地区的地壳正处于大运动时期，整个区域出现抬升现象，地壳下面的地幔物质上升分流，产生巨大的张力，从而导致地壳出现了裂缝。首先，地壳出现两条大致平行的大断裂；紧接着，裂缝中间的地面渐渐下沉，同时断裂的两翼相对抬升，形成裂谷的两壁和一条深陷下去的宽带状低地。由于抬升运动不断进行，地壳的断裂不断产生，地下

熔岩不断地涌出，渐渐形成了高大的熔岩高原。逐渐地，高原上的火山变成众多的山峰，而断裂的下陷地带则成为大裂谷的谷底。

东非裂谷带两侧的高原上分布有众多的火山，如乞力马扎罗山、肯尼亚山等，谷底则有呈串珠状的湖泊约30多个。这些湖泊多狭长水深，其中坦噶尼喀湖南北长720千米，东西宽48千米～70千米，是世界上最狭长的湖泊，平均水深达700米，仅次于北亚的贝加尔湖，为世界第二深湖。

目前，东非大裂谷仍是极不稳定的地带，火山和地震活动十分频繁。

坦噶尼喀湖

坦噶尼喀湖

坦噶尼喀湖位于大裂谷西支的南端，湖面海拔773米，是非洲第二大淡水湖。坦噶尼喀湖分别属于四个国家，东边是坦桑尼亚，北边是布隆迪，西边是刚果（金），南边是赞比亚，是世界上分属国家最多的湖泊。

库车峡谷山势险峻，有的地方两边窄得只能容人侧身通过。

龟兹古国

库车辖境在汉代为龟兹国地。巍峨的天山把占国土面积1/6的新疆分为南疆和北疆。古代南疆以种植业为主，北疆则以游牧业为主。南疆沙漠边缘的肥沃绿洲大多面积狭小，绿洲之间又隔以沙漠，距离遥远，交通不便。因此，这些绿洲多形成相互独立的小城邦国，古代南疆两汉时称36国。据《汉书·西域传》记载，各绿洲加在一起也仅20余万人，后来又分裂成50多个小国，其中人口少的仅一两千人，龟兹在当时是人多势尊的大国。西汉武帝元封二年（前109），龟兹国将一个"澡灌"献给汉中央朝廷。"澡灌"是佛教僧侣所用器具，由此可

龟兹古国·阿艾石窟

库车大峡谷

沿217国道向北行，一路上单调的黄色让人有些昏昏欲睡。当转过一个急弯之后，每个人都会被眼前的景象所震惊：一大片古怪突兀的山丘，如燃烧的火焰，如光灿的黄金，交错叠堆，在夕阳下如同一座无声的古城。这便是库车大峡谷。

库车大峡谷位于天山山脉南麓、新疆库车县城以北64千米处，由红褐色的巨大山体群组成，当地人称之为"克孜尔亚"，维吾尔语的意思是"红色的山崖"。峡谷平均海拔1600米，最高峰2048米，为南北走向，全长约5000米，最宽处53米，最窄处0.4米。亿万年的地质运动、风雨剥蚀，在这里造就出无数奇峰异石。最神奇的要数开在悬崖之上的唐代千佛洞石窟，石窟中保留的汉文化完整丰富，堪与同时代的敦煌莫高窟相媲美。

以推断出龟兹在当时就已经有了佛教。

阿艾石窟·克孜尔千佛洞

阿艾石窟为开凿于盛唐时代的佛教石窟。它进深4.6米，宽3.4米，侧墙高1.7米，窟顶为圆拱形。窟址不选在开阔的谷口，而选在峡谷深处、离谷底30多米的峭壁上，人要上去，得架设软梯垂直攀援。这正是石窟躲过漫长历史的沙湮水渍以及人为破坏，至今仍保存完好的原因。阿艾石窟的壁画中写有大量汉文题记，题记中出现的姓氏之多为国内石窟中所罕见，共有10个。石窟内的壁画绘出了造型各异的菩萨、天人、飞天等佛像，钟、腰鼓等乐器，还有大象、仙鹤等动物及汉式亭、榭等图案。

库车峡谷山体上因地质作用而生成的褶皱，层层叠叠，清晰可见。

克孜尔千佛洞开凿于3世纪，到8世纪逐渐停止，是我国开凿最早、规模最大的石窟寺群。壁画现存1万余平方米，是克孜尔千佛洞最珍贵的宝藏。因为龟兹信奉小乘佛教，所以壁画风格也不同于其他地区，而是有一种神秘的菱形图案，这在别的地方极为少见。窟内壁画题材主要是佛传、因缘及本生故事，内容、形式和表现手法大都直接传自于印度和阿富汗，而印、阿的佛教艺术里则早已吸收了希腊罗马艺术的营养。那时的中国以无比的自信欣然接纳了西来之风，同时又融入了中国式的审美理想和情趣，使之具有中国气派和民族风格。同样在库车，克孜尔千佛洞的壁画更接近印度犍陀罗艺术，而阿艾石窟则带有更多的汉人印迹。文化的传承与融合在库车的千佛洞石窟里有着最好的解释。

光线在岩石上交织融会，造就出各种色彩，让人惊叹大自然的妙笔。

文化劫掠的历史风尘

吐峪沟大峡谷

吐峪沟位于吐鲁番盆地中，是一个十分平常的地方。但在古代车师王国、高昌王国，以及后来的唐代西州、高昌回鹘王国时期，这里曾是一个引人注目的宗教、文化中心，在历史上具有重要的地位和影响。

吐峪沟石窟

吐峪沟大峡谷北起312国道旁的远古村落苏希村，南至吐峪沟乡古老的麻扎村口。从北到南，大峡谷长约8000米，平均宽度约1000米。大峡谷中部处在火焰山最高峰，海拔831.7米，从北向南把火焰山纵向切开。峡谷的东西两壁，素有"天然火墙"之称，温度最高时达60℃。沟谷两岸山体颜色五彩缤纷，色彩浓淡随天气阴晴而变化万千。深谷底部的土壤呈红黄色，穿谷而过的天山雪水将红黄色土壤冲出南谷口，在峡谷南端形成了肥沃的小型绿洲。红黄色土壤最适宜种植无核葡萄，这里出产的无核白葡萄素有"葡萄中的珍品"之美誉。

沙丘古址

在吐峪沟西南的戈壁沙滩上，可以看到微微隆起的沙丘。沙丘地表曾经发现远古时期吐鲁番居民的打制石器，

吐峪沟的意思是"走不通的小山沟"。直到1992年，为了方便火焰山南北人民的来往，这里修建了一条公路，结束了"此路不通"的历史。

吐峪沟霍加木麻扎俗称"圣人墓"，是世界伊斯兰教七大圣地之一，也是中国境内的第一大伊斯兰教圣地。

地下是距今2600年前的古代吐峪沟居民的墓地。不算太深的竖穴中，当年入葬的古代吐鲁番居民身着毛织衣裙，脚穿皮靴，旁边还放置着他们生前使用过的彩陶、木盘、葫芦碗、弓箭等。墓地中还有俄罗斯境内米努辛斯克盆地塔加尔文化中的典型文物"銎形戈"，干燥的环境使出土的铜制兵器依旧金光闪闪。沙丘古址说明了吐峪沟曾有过十分久远的历史文明。但它引人注意的，还是100年前已经发现并向世界作过报道的佛教遗迹。和许多废弃多年的古址一样，经过千年的风云变幻，吐峪沟古代佛教圣地的面貌已不复当年。

吐峪沟石窟

吐峪沟的石窟、造像最早出现在魏晋、十六国时期。进入唐代，吐峪沟山谷两岸的佛教洞窟有了进一步的发展。在吐峪沟中随山势展布着重重寺院，背倚危峰，下临清溪，烟火不断。佛寺中，高塔耸入云霄，桥梁横跨沟谷东西，如彩虹在天。然而，15世纪伊斯兰教进入吐鲁番地区，对被其视为异端的佛教思想进行了彻底的破坏和打击。此后，俄国人罗洛夫斯基、科兹洛夫、克列门兹，德国人勒柯克，日本人橘端超和野村荣三郎等人，都曾对吐峪沟石窟寺进行过多次搜掠，窃走了古代文书、写经、铜佛像、刻花砖等多种珍贵文物。1905年，勒柯克还曾在吐峪沟见到一座大型佛教庙宇，紧紧依附在几乎垂直的岩壁上。而1916年发生在吐峪沟的一次强烈地震，使这座庙宇整个堕入了峡谷，再也不见踪影。

今天的吐峪沟石窟，还是一种大劫之后未能恢复的悲凉景象。本来应该是庄严的佛像和色彩纷呈的壁画，而如今大都破败零落，难觅完整的形象了。然而吐峪沟两岸崖壁上那些破败、零落的石窟废墟，凝聚着古老文明和历史的风霜，目睹并经历了吐峪沟历史文化的繁荣和兴衰。

雅鲁藏布大峡谷地区水资源极其丰富，是我国乃至世界上最大的水能富矿。

地球上最后的秘境

雅鲁藏布大峡谷

雅鲁藏布大峡谷集两项"世界纪录"于一身：一是其核心峡谷河段，平均深切度达5000米，最深处达5382米，而著名的美国科罗拉多大峡谷才深2000米左右；二是峡谷长约496.3千米，为世界之最。

雅鲁藏布江是世界海拔最高的大河，流域平均海拔约4000米以上，呈东西向狭长形，面积24万平方千米。它发源于喜马拉雅山脉北麓的杰马央宗冰川。雅鲁藏布江自西向东横贯西藏南部，流经米林后进入下游，河道逐渐变为东北流向，几经转折，穿过喜马拉雅山东端的山

雅鲁藏布江上游静静地盘踞在"世界屋脊"——青藏高原之上。

地屏障，猛折成南北向，于巴昔卡出境后流入印度，改称布拉马普特拉河，又流经孟加拉国与恒河相汇，最后由孟加拉湾注入印度洋。其中，河源至里孜为上游段，长268千米，里孜以下方称雅鲁藏布江；里孜至派乡为中游段，长1293千米；派乡以下至流出国境处为下游段，长496千米。

雅鲁藏布江中游汇集了众多的支流，水量充沛，江宽水深。

雅鲁藏布大峡谷

雅鲁藏布江在派乡至墨脱约212千米河段形成马蹄形大拐弯，在河道拐弯的顶部内外两侧，各有海拔超过7000米的南迦巴瓦峰与加拉白垒峰遥相对峙，形成高山峡谷地带。这就是闻名于世的雅鲁藏布大峡谷。走进雅鲁藏布大峡谷，我们就如同进入了远离尘世的神秘世界，这里有无边的神秘、无尽的惊险、无数的奇观……

前已在峡谷中发现多处来自地壳深处的基性、超基性岩体，证明板块缝合线构造的确存在。地质资料显示，大峡谷内侧的南迦巴瓦峰出露的中深度变质岩系，经铷锶等时线法测定，其绝对年龄值为7.49亿年，这是迄今为止所测得的我国喜马拉雅山一侧地层的最老年龄值，相当于前寒武纪，与古老的印度地台地质年龄值相仿，

它表明地质上这里是古老印度块北伸的一部分。另据古地磁测量研究，在中生代白垩纪，南迦巴瓦峰的位置相当于现今的北纬13°左右的地方。显然，南迦巴瓦峰地区作为印度板块的一部分，随着陆地的漂移已北伸了近15个纬度。大峡谷地区以上升为主的地壳活动极为强烈，地震活动频繁，如1950年8月15日8.5级特大地震的震中即在该区。这一切都说明大峡谷地区是地壳能量集中释放、构造活动强烈的中心，以南迦巴瓦峰为中心的强烈隆升和大峡谷适应构造的深切围绕，形成了大峡谷地区奇异的自然景观。

秋天的雅鲁藏布江景色迷人，是名副其实的"西藏的江南"。

地质构造

大峡谷地处强烈的地壳活动中心，是适应构造发育的构造弯、构造谷。其所在地区正是印度板块向欧亚板块俯冲碰撞的中心地带，东侧又受到太平洋板块的抵挡，因此大峡谷随构造转折拐弯。目

大峡谷是青藏高原最大的水汽通道。强大的水汽通道影响了这里的气候。

水汽通道

大峡谷是青藏高原最大的水汽通道。所谓水汽通道，通俗地讲，即大峡谷凿开了喜马拉雅山脉和青藏高原的地形屏障，使南来的印度洋暖湿气流沿此通道深入大峡谷地区。大峡谷地区的大气物理测试和分析表明，沿大峡谷源源输入的印度洋暖气流量，竟与夏季自长江流域以南向长江以北的水汽输送量相近。水汽通道使大峡谷地区雨季来得更早，一般比同纬度其他地区早1~2个月；由通道涌进的巨量水分和热量，使大峡谷地区成为我国雨量最丰沛的地区之一，基本与热带热量水分条件相同；大峡谷热带山地气候带和自然带的分布，因大峡谷通道自南而北强大的水汽输送，达到了北半球水平分布的最北界和垂直分布的最高限，即北纬29°30′，海拔2000米左右。在北半球，热带气候带和自然带的分布平均在北纬23°30′，海拔1000米以下。然而，强大的水汽通道将这里的热带山地环境向北推进了6个纬度之多，大峡谷地区因此而成为名副其实的"西藏的江南"。

自然景观

大峡谷浓缩了诸多自然景观。大峡谷地区高山林立，发育着全世界仅有的珍稀冰川类型——季风型海洋性冰川。令人称绝的是，这里的山谷冰川竟游弋在绿色的原始森林之中！而有的冰川表面深厚的表碛上竟然长有植被。难怪人们常用"菜花金黄映雪山，葱茏林海舞银蛇"来形容大峡谷地区变幻神奇的无限风光。从南迦巴瓦峰峰顶到墨脱背崩河谷仅50余千米，仅需3天的路程，人们就能经历仿佛从极地到赤道那样难忘而深刻的感受。大峡谷地区河流适应构造强烈深切，在大峡谷的核心河段形成了千百米长的如瀑奔流。

大峡谷环境洁净，是一块绿色宝地。其内侧的墨脱地区是高原上有名的与外界隔绝的"孤岛"，峡谷核心段为无人区，没有工业污染，基本保持着原始的自然景观和生态环境。这里水质优良，土壤中元素含量保持着原始基质，大气洁净，生物有机氯化合物残留甚微。大峡谷地区还生活着中国最后的猎人。腰插易贡短刀、手牵波密猎犬的门巴人依然生活在刀耕火种的时代，溜索、独木桥是这里最先进的交通设施。

水能资源

大峡谷地区蕴藏着极其丰富的自然资源。这里是世界上水能资源最为富集的地方。雅鲁藏布江在大峡谷地区穿过两座海拔7000米的高山谷底，围绕南迦巴瓦峰形成一个奇特的马蹄形大拐弯，山高谷深，水流湍急。从派乡到巴昔卡496.3千米的下游河段，河流水面高程从2910米降至155米，天然落差2755米，平均坡降5.5‰，其落差之大雄居世界各大河流的首位。特别是从派乡至墨脱212千米的河段，两地直线距离不过40千米。水面高差却接近2230米，平均坡降2.5‰，加上派乡附近多年平均流量为1900米^3／秒，从而使这里成了世界上水能资源最丰富、最集中的地区。据计算，大峡谷天然水能蕴藏量高达6880余万千瓦，在这里可以兴建装机容量4000万千瓦的水电站。该水电站一旦建成，必将成为世界上装机容量最大的超巨型水电站。

作为"地球上最后的秘境"，雅鲁藏布大峡谷还有很多人类未知的领域有待探秘；而在开发、利用雅鲁藏布大峡谷资源的过程中，切实保护这里原始自然的生态环境，尤为迫切与重要。

雅鲁藏布大峡谷的两岸居住着古老的门巴族人。

雅鲁藏布江以米林县为起点，渐变为东北走向，并猛切向喜马拉雅山东端。

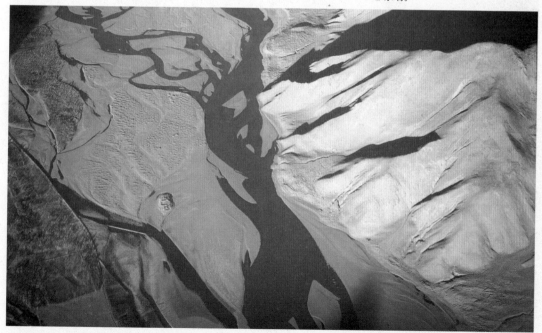

地质演变 · 百年论争 · 文物保护

壮美三峡

瞿塘峡、巫峡和西陵峡，四百里的险峻通道和三个动听的名字，容纳了无尽的旖旎风光。那些诗意的幻想，激情的潜藏，全都浓缩在对自然美的朝觐之中。它，是自然的畅想，是美学的激荡，是文明的叠影，也是心灵的皈依。

一叶小舟划过三峡的湍流，也划过千年的华章。

长江流至四川宜宾后，经重庆到湖北宜昌这一段称为"川江"，是历史上巴蜀通往中国东部唯一的水上通道。川江下游江水穿越我国二级阶梯巫山山脉，形成了长江上最摄人心魄的瞿塘峡、巫峡和西陵峡三大峡谷，造就了奇特、瑰丽、壮美的三峡风光。三峡所在的川江及南北支流地区，因其独特的历史发展背景，形成了深厚的多元历史文化积淀，包括长阳古人类文化、巴文化、楚文化、秦汉以后的辞赋碑帖文化、建筑文化、军事文化、宗教文化和独特的民族民俗文化等，保存了无数珍贵的文化遗产和人文旅游资源。

巫峡以"秀"著称，人们常说"巫山十二峰"，其实山峰何止千百？这里是三峡最幽深奇峭、如梦如幻的一段。

地质演变

三峡西起重庆市奉节县白帝城，东到湖北省宜昌市南津关，全长约208千米，包括瞿塘峡、巫峡和西陵峡三段峡谷。其中瞿塘峡全长约8千米，在三峡中最短也最为险峻。巫峡全长约46千米，是三峡中最长的一段完整峡谷，又被称为"大峡"。西陵峡全长约75千米，为两段峡谷构成。整个"三峡"江段是由四道峡谷段和三道宽谷段交错相间组成。

三峡有峡谷与宽谷之分，这和峡江经过地

区的岩性有关。峡谷多在石灰岩地区，其地岩层质地坚硬，抗蚀力较强，因而河流对两岸的侵蚀能力较弱，但垂直裂隙（指在岩层中由于地质作用而产生的裂缝）比较发育，河流便趁隙而入，集中力量向底部侵蚀。随着河床逐渐加深，两岸坡谷的岩层失去了平衡，沿着垂直裂隙崩落江中，形成悬崖峭壁。而当河流流经比较松软、抗蚀力也较差的砂岩和页岩等地区时，河流向两旁的侵蚀作用加强，便

形成了宽谷。所以，在峡江地段一进石灰岩地区峡深谷窄，一出石灰岩地区便豁然开朗。关于长江三峡形成的具体过程，地质地理学界较为统一的看法是：距今7000万年以前，在燕山运动中，川东和鄂西一带形成了巫山等一系列褶皱山脉。它们由西南－东北走向转为东西走向，地势由南向北逐渐降低。这些山脉与北面的大巴山之间，是一个东西向相对低凹的地带，古长江的峡江段便是沿着此低

三峡十道九曲，暗礁甚多，船只无不谨慎缓行。

凹带向东流去。而随着这一地区地壳的继续上升，河流下切愈加剧烈，最终形成了深邃幽长的长江三峡。

百年论争

1919年，孙中山先生在《建国方略之二——实业计划》中谈及对长江上游水路的改良，最早提出了建设三峡工程的设想。1932年，国民政府建设委员会派出的一支水力发电勘测队在三峡进

行勘察和测量后，拟定了在葛洲坝、黄陵庙修建两处堤坝的方案。

1944年，美国水电工程专家萨凡奇博士应民国政府之邀，经过实地勘察后，主持完成了第一份旨在建议修建三峡水库大坝的"萨凡奇计划"。1945年，国民政府中止了三峡水力发电计划的实施，三峡工程就此被搁置起来。

1954年汛期，长江流域发生了20世纪以来的最大洪水，治理长江成为首要而紧迫的任务。1955年起，在中共中央、国务院领导下，有关部门和各方面人士通力合作，全面开展长江流域规划和三峡工程勘测、科研、设计与论证工作。

1970年，中央决定先建作为三峡总体工程一部分的葛洲坝工程。当年12月，葛洲坝水利工程开工。

1986年6月，水利部成立的14个专家组开始了长达两年零八个月的论证。1989年，长江流域规划办公室重新编制了《长江三峡水利枢纽可行性研究报告》，认为建比不建好，早建比晚建有利。报告推荐的建设方案是："一级开发，一次建成，分期蓄水，连续移民。"1989年年底，葛洲坝工程全面竣工。

1992年4月3日，七届全国人大五次会议将兴建三峡工程列入国民经济和社会发展十年规划。1993年1月，国务院三峡工程建设委员会成

立。1994年12月，三峡工程终于正式开工。

三峡工程从最初的设想、勘察、规划、论证到正式开工，共经历了75年，凝结了无数人的心血。

三峡地区的文物保护

据专家测定，三峡水利工程二期蓄水后，海拔135米水位以下的库区陆地将全部淹没于水下，文物保护工作迫在眉睫。为此，三峡库区内启动了新中国成立以来最大的文物保护工程，受到了世人的关注。

白鹤梁水文题刻　　白鹤梁题刻位于三峡库区上游涪陵城北的长江中，是三峡文物

石宝寨建在拔地而起的孤峰上，是依山而筑的9层楼阁。

丰都鬼城距今已有2600多年的历史，素有"鬼城"和"幽都"之称。

楼等古建筑。保护石宝寨的设计思路是对山体实施迎墙护坡加固，同时修筑围堤阻挡库水对玉印山的直接浸泡。

张飞庙　　　张飞庙是张桓侯庙的俗称，位于云阳县城长江南岸飞凤山山麓。该庙始建于唐代，之后各朝代均有修茸和扩建。张飞庙是一座书画艺术的宝库，庙内存有远至汉唐，近到明清的各类书画珍品。待三峡水库蓄水达175米后，张飞庙将被淹没。三峡工程将张飞庙与云阳县城一起向上游搬迁，新址选择在长江南岸的盘石镇附近的山坡上，而这里的自然环境与张飞庙原址非常接近。

张飞庙被称为三峡库区年龄最大的"移民"。

景观中唯一的全国重点文物保护单位。白鹤梁上的题刻中，与水文科学有关的达108件，故有"世界水下碑林"的美誉。据估计，三峡水库运行20年后，白鹤梁将被埋在淤沙之下。

2001年，中国工程院院士葛修润为白鹤梁题刻制订了建造水下博物馆的保护方案。该方案的核心是利用工程压力原理，在白鹤梁题刻比较集中的中段东头80米左右的上面，修建一个内外都有水的无压力保护壳体，将江水经过一种过滤装置过滤后再注入保护壳体内。游客从岸边的两条水下通道进去，可透过水下通道的参观窗观赏题刻。

石宝寨　　　石宝寨位于重庆忠县长江北岸，始建于明万历年间，人们借助架设于石壁上的铁索，在临江的玉印山山顶建起了一座寺庙。清康熙年间，能工巧匠又依山建起了一座塔楼。石宝寨塔楼倚山而建，造型奇特。整个建筑全部由千年古木建成，且采用穿斗结构，全部建筑未用一颗铁钉，被誉为"世界八大奇异建筑之一"。

三峡大坝蓄水后，玉印山极有可能在江水的浸泡下发生剧烈变形，并危及寨

第六章
特色地貌篇

Part 6
Characteristic Landforms

　　从诞生之初，地球就在不断经历着沧海桑田的巨变，而这种变化的直接结果就是导致了地球表面多种多样的地形地貌：冰川、河谷、沙漠、岩石、盆地、岛屿，无所不有、无处不在。在欧洲、在亚洲、在非洲，大自然用它的鬼斧神工为人类打造了一个多姿多彩的世界：充满传奇色彩的巨人之路向人们展示出一个用规则的六棱柱体搭建的古老传说；令人瞠目结舌的波浪岩将惊涛骇浪凝固在转瞬之间；荒凉广阔的撒哈拉，坚韧不拔的生命在这里谱写出万种风情……

断崖上的石柱巨人
巨人之路

在位于北爱尔兰贝尔法斯特西北约80千米处大西洋柏贾恩茨考斯韦海岸高达110米的断崖上，4万多根巨大的石柱由陆地向海洋绵延成一条数千米长的堤道，这就是北爱尔兰著名的景观——巨人之路。

巨人之路上的每根玄武岩石柱都是由若干块六棱状石块叠合在一起组成的。

"巨人之路"这个名字起源于爱尔兰古老的民间传说。据说，巨人麦·克库尔为了与对岸的敌人交战，便把一根根巨大的岩柱移到海中，想修成一条渡海通道。后来，他的对手见到他伟岸的身躯，不敢恋战，于是毁坏石柱后逃离了爱尔兰。石柱通道的残余部分就是我们今天看到的"巨人之路"。其实，这只是一个美丽的传说。"巨人之路"完全是大自然的杰作。在北大西洋形成初期，现在的苏格兰西部至北爱尔兰一带的火山活动十分频繁，剧烈的火山运动导致大量灼热的岩浆从裂开的地壳中喷涌而出。后来随着火山运动的平息，岩浆逐渐冷却、收缩，最后结晶成巨大的玄武岩。在这一过程中，由于熔岩收缩得非常均匀，以至于再裂开时便形成了现在这种非常规则的六棱柱状。

冰川的侵蚀和大西洋海浪天长日久的冲刷也是"巨人之路"形成的原因之一。

巨人之路的具体形象

从空中俯瞰，这条巨大的赭褐色石头大堤在蔚蓝色的大海的衬托下，气势磅礴，格外雄壮。这里的每一根玄武岩柱的宽度都超过了0.45米，有的高出海面6米以上，最高的可以达到12米左右；也有的隐没在海面以下或与海水齐平。大量高低错落的石柱排列在一起，组成了壮观的玄武岩石柱林，十分奇特。其实，类似的柱状玄武岩地貌景观在世界其他地方也有分布，如苏格兰内赫布里底群岛的斯塔法岛、冰岛南部、中国江苏六合县的柱子山等。但是，表现得如此完整和壮观的却只有这一处，因此，它不仅为广大的旅游爱好者提供了一个休闲的胜地，更重要的是为地球科学的研究提供了宝贵的资料。

苏格兰的内赫布里底群岛也有大部分发育良好的玄武岩柱，而且，还有一些岩柱被海水侵蚀出一个个巨大的岩洞。

海上的桂林
下龙湾

越南最著名的海上胜景——下龙湾位于首都河内市东部，在这里，1600多个岛屿组成了一幅奇特的海上景观：山奇水秀、风景如画。它是喀斯特地貌最瑰丽的地区之一，与我国的桂林山水有异曲同工之妙，因此又被称为"海上的桂林"。

下龙湾原来是一片喀斯特峰林平原地貌，主要发育在3.9亿～3.7亿年前的晚古生代石灰岩中。在高温多雨的气候环境下，石灰岩受到水的溶蚀作用，逐渐发育成山坡陡峭的喀斯特小山。在渗入石灰岩的地下水的作用下，下龙湾地区形成了各种规模的地下河系统。后来，由于地壳的运动，造成了地下水位的下降，使本

强烈的地壳运动把海底抬出水面，从而形成了今天这些大大小小的岛屿。

来充满水的地下洞穴逐渐变成了干洞。特别是从非石灰岩地区流过来的地表水对石灰岩进行的强烈的溶蚀作用，不断使一些岩石山坡后退，而那些低矮的石山则逐渐被磨平。大约在5000年前，全球性的海面上升使得这片峰林平原逐渐被海水淹没，最终变成了今天遍布海面的下龙湾奇景。

丰饶的物产

下龙湾不仅景色秀丽，而且物产丰富，盛产各种名贵的水产，其中光龟类就有上千种。另外，龙虾、对虾、海参、鲍鱼、海带等都是下龙湾的特产。可以说，在越南沿海的各种水产，下龙湾全都有。

据科学工作者考证，下龙湾是原欧亚大陆的一部分在地壳的运动中下沉到海上形成的自然奇观。

下龙湾美景

下龙湾的神奇之处在于它的岛，这里的岛不是没有生命的石头，而是一个栩栩如生的世界。数千个大大小小的岛屿错落有致地分布在海湾内，仿佛是一个个鲜活的生灵。有的岛形似钓鱼翁，有的状如和尚念经，有的像一对引颈高昂的斗鸡，有的像展翅翱翔的雄鹰……由于小岛造型各异，人们根据其形状给它们取了不同的名字：像一根粗大的筷子直插海里的，是筷子山；像一个大鼎浮在海面上的，是香鼎山；马鞍岛则像一匹灰色的骏马，踏着海浪奔腾向前。

下龙湾不但石岛奇特，洞也迷人，几千座石灰岩石山，不知道有多少个怪岩幽洞。每个洞都有琳琅满目的钟乳石，石笋

下龙湾山清水秀。

丛生，气象万千，并且终年积满清冽的淡水，吸引了无数游人的目光。其中最为奇特的是位于马鞍岛上的木头洞，洞分三层：外洞可以容纳上千人；第二洞则遍布石笋和钟乳石，形成了鸟兽、花草等千奇百怪的造型；第三层洞穴里是四个圆圆的石井，终年积满淡水。

斗鸡山是两座相互对峙的小岛，形状好似两只正在鏖斗的雄鸡，因此得名。

帕木克堡

上古神灵的棉花场

在土耳其西部古希腊和古罗马的旧城废墟下，有一个奇异的地方：一片层层叠起的乳白色的梯形阶地在阳光下熠熠生辉，绒毛状的白色梯壁和钟乳石，倒映于清澈的池水之中，宛如仙境，这就是在当地语言中被称为"棉花垛"的帕木克堡。

关于帕木克堡的形成，当地人传说：这里原来是上古的神灵收获和曝晒棉花的场所，久而久之，棉花化为玉石，形成了现在美丽的帕木克。而按照现代科学的解释，乳白色的"阶梯"是钙华，其主要成分是石灰质，性质和我们常见的钟乳石相近。它们都是附近高原上喷出的火山温泉的杰作。雨水溶解岩石里的石灰和

钙华又称石灰华，是指石灰岩地区的岩溶水在特定条件下产生的千姿百态的碳酸钙沉淀物。

英国人钱德勒曾经这样描述帕木克堡："它简直像一片冻结的大瀑布，奔腾的水面好像突然凝固，汹涌的激流在一瞬间僵化了。"

帕木克堡的梯壁、阶地和钟乳石分布区域约有2500米长，500米宽。人们站在古堡的废墟上可以观赏到下面山麓上这些闪光的白色梯形阶地。

其他矿物质，渗入地下成为泉水，再经过漫长的地下水循环，以温泉的形式涌出。整个过程中水溶解了大量岩石中的石灰质和其他矿物质。当泉水涌出，从高原边缘顺坡流淌时，石灰质逐渐析出，沿途沉积，长年累月逐渐形成了白色闪光的梯壁、阶地和钟乳石。

堡上古城——希拉波利斯城

早在两千年前，帕木克堡就已经闻名遐迩了。公元前190年，古希腊城邦白加孟国王尤曼尼斯二世在这里建立了希拉波利斯城。后来，该城成为罗马帝国的属地。由于这里拥有奇特的地形和温泉，当时的罗马皇帝在这修建了大量的建筑，包括巨大的皇室浴场、宽阔的街道以及剧院、民用住宅等，使这里盛极一时。后来，随着罗马帝国的衰落，这里也逐渐变成了一片废墟。现在，废墟当中还有一处耐人寻味的遗址——冥王殿。据说冥王殿的一个岩洞里常常冒出一股毒气，可以在很短的时间内使一头公牛毙命。为了压制这股毒气，人们在冥王殿的旁边修建了太阳神阿波罗的神殿，以求抵消毒气。现在，毒气的来源早已查明，只不过源自于地下的一道温泉。

城墙外是一片有一千二百个坟墓的墓地，其中许多都规模宏大，装饰华丽。今天不少游客前来度假，他们常到温水池中沐浴，其中还有一座温水池的池底残留着一截罗马圆柱。除了沐浴，他们还能观赏这座废城下面山麓上闪光的白色梯形阶地。

世界上其他地方的钙华

钙华的景观虽非常见，但也不是绝无仅有。比如在中国，云南中甸有一个"白水台"，那里是白族人的发祥地，其景观与成因都与帕木克堡类似，只不过规模小一些；再如四川的黄龙风景区，沟谷中也发育了层层叠叠的钙华池；云南九乡溶洞中的"神田"，仿佛帕木克堡的一个微缩盆景。

不谋而合的"恶劣之地"

巴德兰兹劣地

在美国南达科他州和内布拉斯加州交界的地方，有一片荒凉的土地，目力所及之处都是刀锋般的山脊、深沟、狭窄的平顶山和一望无垠的沙漠，当地的印第安人和最先到达这里的欧洲人不约而同地把它取名为"恶劣的地方"，这就是有名的"巴德兰兹劣地"。

雨水的冲刷、风沙的侵蚀加上岩石本身的风化剥落，形成了如今的巴德兰兹风貌。

今天的巴德兰兹风沙漫天，一片荒凉，但在7500万年以前，这里却是一片汪洋大海。大约在1000万年以前，海底的板块受到挤压而抬升，海洋消失了，这里成了一片崭新的大陆。在随后的几百万年里，气候逐渐变得温暖潮湿，大量的亚热带森林长势旺盛，给这片土地带来了新的气象。但随着冰川时期的到来，气候逐渐变得寒冷干燥，森林变成了热带草原，草原又变成了草地，低矮的草丛再不能保护裸露的地面，经过天长日久的雨水冲刷，草被连根冲走，露出下边的软泥层，但很快，它们就被汹涌的河水带走，留下了起伏不平的岩层。岩层在烈日的灼烤下变硬、破裂，形成了突兀的山脊和道道沟壑，成了名副其实的"恶劣之地"。

万派尔峰是巴德兰兹地区最高的山峰，由于风沙和雨水的侵蚀，现在它正以每年15厘米的速度在降低。

土著人的生活

尽管环境恶劣，但巴德兰兹地区却是当地印第安人苏族部落的家园。几个世纪以来，他们在这片土地上打猎、劳作，繁

野牛是北美洲最为凶悍的动物之一，即使面对最富攻击性的捕食动物，也毫不退缩。所以，尽管巴德兰兹一片荒凉，却还可以看到它们的身影。

衍生息。这里的印第安人世世代代以捕食野牛为生，他们通常都是采取群攻的方法，把野牛赶下山崖摔死，而巴德兰兹复杂的开阔的地形也正适合这种大规模的捕猎方式。现在，在某些悬崖的底部，野牛的尸骨仍然可以见到。

由于食物十分稀缺，因此印第安苏族人充分利用了野牛身体上的每一部分：肉和脂肪作为食物；皮可以用来制作帐篷、毯子、衣服甚至马鞍、皮带；牛角挖成勺子；而骨头则作为棍棒。野牛为印第安苏族人提供了日常生活中所需的大部分的器物。但自从19世纪70年代，欧洲殖民者开始涉足这片土地，印第安人的传统生活被打乱，他们被迫离开家园，四散为生。如今，巴德兰兹地区的印第安苏族部落几乎已经灭绝了。

遥远的化石

由于地质年代久远，在巴德兰兹劣地的地表下埋藏着许多化石，包括剑齿类虎、三趾类马以及小骆驼等。此外，人们还发现了一种身长3米，好像是公牛、马和野猪三者的结合体的动物化石。这里便吸引了大批考古学家的造访。

岩画的聚集区
大盆地

在美国西部内华达山脉和沃萨奇岭之间的沙漠地区，有一处神奇的地方：在一片低洼的盆地中，高高的山峰拔地而起，河流、湖泊环绕其中。最令人称奇的是，盆地里有许多巨大的岩洞和千奇百怪的钟乳石，崖壁上还布满了各种图案的岩画，走进这里，就像走进了一个光怪陆离的世界。

惠勒峰位于大盆地中央，是内华达州第二高峰，海拔3981米，山坡上长满古老的刺松果，树龄已经超过了几千年，被称为人类文明活的见证。

1986年，当时的美国总统里根签署命令，宣布大盆地地区为国家公园。这里是典型的大盆地景观，大多是草原和干冷的不毛之地。从盆地的底部攀登到惠勒峰，垂直高度可达2450米，山顶的气候和山脚下迥然不同，在几百米的路途内，可以同时感受到闷热的沙漠气候和寒冷的高山草地气候给你带来的震撼。虽然地处荒漠，但这里的山麓上长满了北美山艾与黑肉叶刺茎藜，它们几乎覆盖了整个内华达山脉。山的底部还有著名的莱曼岩洞，它是地下水经过数百万年的光阴雕刻而成

的。莱曼岩洞1922年被列为国家纪念区，走进洞穴，到处都是水与石灰石创造出来的神奇景象：奇特的钟乳石与石笋焕发着迷人的光彩，巨大的圆柱形石和帷幔形石矗立在洞穴中央，仿佛一个用石头搭建成的奇妙幻境。

岩画最集中的地方

大盆地处于沙漠地区，根据考古学家的探测，这里曾经是史前人类的居住地，

精致的大角羊和不同的人物是岩画的主要题材，一些几何符号也非常普遍。

他们在这儿进行农耕和狩猎活动，至今，这里还保存着许多和此有关的古老岩画，可以说是美国岩画最集中的地区之一。这里的岩画主要是岩刻，也有少量涂绘的崖壁画，有具体的人物、动物图像，也有抽象的几何图形，几乎所有的岩画都给人一种亦真亦幻的感觉。对于这些岩画所表现的内容，民族学家认为是在绘画者经历过神志昏迷之后，用形象来表现梦境中的状态，但却忽略了对梦境中具体细节的记忆，因此呈现出这样一种抽象的画面。而这些也正是当地文化背景的必然反映。据考察，当时的人们在创作这些壁画时，通常先到一个孤立的地方，然后进行绝食，专心致志地探索梦境，以寻求灵感，画出最美丽的图案。

溶解在水中的石灰石因为饱和而沉淀析出，经过长时间的累积就形成了形态各异的钟乳石。

沉睡中的彩虹之地
神奇的国会礁

位于美国中南部的国会礁是一处巨大而令人生畏的红岩峭壁。世代居住于此的印第安人纳瓦霍族将这处神奇的峭壁称为"沉睡中的彩虹之地"。的确，它那多彩的岩层就如彩虹般奇美壮观，令人叹为观止。

国会礁并非由珊瑚礁构成，但它却宛如海洋礁脉在广阔的科罗拉多高原上形成了一道天然屏障，在红岩峭壁上方覆盖有如穹顶般的白色岩层，令人联想到美国的国会大厦，"国会礁"也正是因此而得名。这里有风格迥异的悬崖峭壁、深谷巨石，险峻奇特，美国于1971年12月18日在此处成立了国会礁脉国家公园。国会礁脉国家公园呈狭长形，大致上分成三个部分：有折曲平行的北方崎岖边远地带的主教山谷；有道路直通的马头丘区，它包括了游客中心、弗里蒙特河与果园区；还有格林峡谷的牛蛙盆地上方的大石浪，高达457米，却又被像迷宫般的格林峡谷切割成两部分。这里不仅具有丰富的考古学、历史学及漠地生态学的研究价值，同时也是一处不折不扣的"活的地质教室"。

由于天长日久的挤压和风化作用，国会礁表面的岩石被不断地侵蚀，逐渐形成了这些特殊的景观。

国会礁有些褶皱的表面布满的大小不等的坑穴，聚积了许多雨水，逐渐成为一些生物的栖息之所。

国会礁的形成

　　国会礁约形成于6500多万年前，那时科罗拉多高原正在逐渐抬高，使得这里也随之抬高，与其相连的其余部分则相对下沉，造成岩层大规模扭曲。今天看来，岩层的褶皱就像一个大型的岩石阶，大块的岩石层没有在褶皱处断裂开来，而是自然地垂在褶皱上。千百万年来，荒野上呼啸而过的狂风对褶皱进行了无情的侵蚀，渐渐形成了平行的山脊（由耐侵蚀的岩石形成）和峡谷（由较软的岩石形成）相间的地貌。这里最醒目的景观是南北纵横160千米的"水穴褶曲"。这块地域原本是海底的一部分，它们跟随科罗拉多高原一起，经过几千万年从海底拱出水面，升到高原后就形成了这种波浪形的褶皱。这是北美洲规模最大的单斜脊结构。

古印第安的岩画

　　国会礁的著名之处除了奇岩怪石之外，就是那保存完好的古印第安人的岩画了。在离地约10米高的石壁上，能够清清楚楚地看到生动的"集体舞"人像，沿着两边伸展开去，还有牛、马一样的动物，呈放射状分布。

国会礁国家公园南北长约96千米，东西最宽处仅为16千米，在这里，形状奇特的岩柱、平衡石岩与自然拱桥等构成了一个奇异的地质世界。

卡尔斯巴德洞窟

卡尔斯巴德洞窟位于美国新墨西哥州佩科斯河西岸的吉娃娃森林里，面积189平方千米，以丰富多样而美丽的矿物质而著称，这些矿物产生于80多个石灰岩洞中，共同组成一个神奇的地下洞窟世界。

"国王宫殿"天花板上撒下来的一排令人眩目的钟乳石把整个洞穴映照得金碧辉煌。

《世界遗产名录》中对卡尔斯巴德洞窟做了如下介绍："它是一种重要的地质过程的实例，包含了特殊的自然美景。"确实，洞穴中的景色千姿百态，形色各异的钟乳石令人目不暇接，引发

人无限的遐想。这里的钟乳石都有形象的名字，如"恶魔之泉"、"国王宫殿"、"太阳神殿"等。另外，洞穴中还有岩帷幕和洞穴珍珠，前者轻轻击打能发出悦耳的声音，后者是小砂粒外层裹上了一层碳酸钙，形成了有光泽的石球，如珍珠般璀璨。沿着洞口蜿蜒前行，在地面下235米的地方可以看到第一个洞窟——绿湖厅，洞窟中央有一个碧绿的深潭，好像一块温润的玉石，这也是绿湖厅得名的缘由。穿过绿湖厅再往前走就是巨室洞穴，它长1200米，宽188米，高85米，是世界上最长的洞穴，四壁的钟乳幔将其装点得犹如一座豪华的宫殿。

这两座石柱高达15米，一直延伸到洞穴的顶部。

卡尔斯巴德除洞窟本身之外的另一壮观景象是栖息在洞窟里的上百万只的蝙蝠。每到黄昏，蝙蝠从阴冷昏暗的洞窟中倾巢出动，在沙漠黄昏的天底下遮天盖地地飞翔，场面之大令人瞠目结舌。

洞窟的形成

卡尔斯巴德洞窟大约形成于2.9亿~2.5亿年以前的二叠纪。由于这里遍布着大量的石灰岩，因此人们认为洞窟是由于其间的碳酸盐岩石经历了雨水和地下水的冲刷，天长日久而形成的。后来，地质学家发现，卡尔斯巴德洞窟并不存在地下水，经过考察，他们发现这些洞穴是由于洞窟里的岩石出现了"冒气泡"的现象而产生的。原来，在这一地区生活着大量的以小片石油层为食的单细胞微生物，而石

在卡尔斯巴德洞窟的勒楚吉拉洞穴里，布满了大块的石膏石，这是硫化氢生成硫酸后再经过化学反应留下的副产品。

油中的含碳化合物被这些微生物吃掉后会产生硫化氢，大量的硫化氢气体通过岩缝溢出来，与水和氧气结合生成硫酸，这才溶解出这些千奇百怪的石灰岩洞穴。

卡尔斯巴德洞窟的洞口。

色彩斑斓的化石集中地

化石林

美国亚利桑那州东北部有一座奇特的森林，说它是森林，却不见繁茂的青枝绿叶，只有数以千计的树干化石僵卧在那里，在阳光的照耀下熠熠生辉。这就是世界上最大、最绚丽的化石集中地——美国化石林。

这些化石林本来是史前林木，大约生长在2.5亿年以前的三叠纪时代。后来，由于洪水的冲刷裹带，这一大片森林逐渐被泥土、沙石和火山灰所掩盖。几经地质变迁，沧海桑田，陆地上升，这些在地下埋藏了千万年的树木得以重见天日。然而，由于其中的水质细胞经历了矿物填充和改替的过程，已经完全矿化，又被溶于水中的铁化物、锰化物染上黄、红、紫、黑和淡灰等颜色，如此天长日久，形成了今天五彩斑斓的化石森林。

这些树干刚被掩埋的时候由于缺少氧气，所以并没有腐烂。

化石林国家公园

　　1906年，美国政府将化石林区辟为国家保护区，1962年定为国家公园。公园

化石林国家公园里生活着各种各样的动物，其中最常见的就是叉角羚羊，它们属于牛科动物，仅分布在北美地区。

占地381平方千米。公园里，数不清的完整的树干或倾斜或匍匐，千姿百态。这些树干平均宽90～120厘米，长18～24米，最长的达到37米。这些石化的树木年轮清晰，纹理斐然，或红或黄，或绿或紫，美丽极了。公园里还有许多破碎零散的化石木块，它们散落在这些完整的树干化石周围，宛如大块的碧玉玛瑙之中夹杂着一片碎琼乱玉，使人眼花缭乱。

公园内密集的"森林"共有6片，其中最美丽的叫做彩虹森林。彩虹森林的树干呈现出像彩虹一样多彩、明快的色调，就好像七色彩虹挂在了地上。其他的依次为碧玉森林、水晶森林、玛瑙森林、黑森林和蓝森林。有了这一片片彩色森林的点缀和渲染，这里原本平淡无奇的荒丘顷刻间幻化成了一个色彩斑斓、情趣盎然的神奇世界。

除了这些多姿多彩的石化森林，公园里还有一处美丽的景致，那就是位于

化石林位于炎热干燥的沙漠高原上，这也是它得以完整保存的重要原因。

环形路两侧的"蓝色弥撒"，这是一片高矮起伏的丘陵，长约2000米，在阳光的照耀下呈现出美丽的蓝紫色，使身处其中的人们宛如进入了一个梦幻世界。

广阔的不毛之地
撒哈拉沙漠

在非洲北部，西起大西洋东岸，东至红海之滨，横亘着一片浩瀚无垠的荒漠，这就是世界上最大的沙漠——撒哈拉沙漠。"撒哈拉"在阿拉伯语里的意思是"广阔的不毛之地"，的确，在这片面积为860万平方千米的土地上，沙子、砾石、盐滩、山地才是这里真正的主人。

走进撒哈拉，所过之处几乎全部是沙丘、流沙和砾漠，"广阔的不毛之地"形象地说明了这里的残酷与荒凉。那么，这么大的一片土地究竟荒凉了多久？经过科学家们不断的分析和探索，竟然

真正的撒哈拉只有1/5的地方是由沙子构成的，其他地方则是裸露的砾石平原、岩石高原、山地和盐滩。

发现在公元前6000年～公元前3000年的远古时期，这里曾经是一片肥沃的平原，衍生了非洲最古老和最值得骄傲的文化。后来，这里的气候发生了巨大的变化，先是雨量骤然减少，地面蒸发量增大，河流断流成为干河谷，湖泊缩小甚至消失，而这些自然条件的退化导致了大量的生物死亡或迁徙，沙丘开始出现在撒哈拉的大地上。后来，随着气候恶化得更加严重，风

沙漠气候

撒哈拉是典型的热带沙漠气候，炎热干燥，全年平均气温超过50℃，最干燥的地区年降雨量少于25毫米，有些年份全年无雨。有雨的地方，雨水也在落地之前蒸发到了大气中。温差大是撒哈拉气候的另一大特征，日常的气温变化在－0.5℃与37.5℃之间。

绿洲是生活在沙漠地区的人们的活动中心，人们在这里生产劳作，繁衍生息。

中的大大小小的湖泊就像是一颗颗的珍珠，碧绿的湖水倒映着蓝蓝的天空和缓缓飘动的白云，水鸭在湖面上逗留，白鸽腾空而起，芦苇丛中还有野鹿出没，给人一种恬静、安详的感觉。那这些绿洲是怎样形成的？原来，沙漠中心就像一个巨大的沙锅，周围高、中间低，从高山融化的雪水，经过漫长的地下潜程，汇集到中部，流淌出洼地，成了湖泊。而水是生命的源泉，有了水，就有了生命的存在，就有了神奇的沙漠绿洲。

撒哈拉地区的地表温度可以达到70℃，绝大部分地区年降水量不超过50毫米，有些地区更是一年都不下雨，是名副其实的不毛之地。

沙也越来越猛烈，终于，以前丰饶的撒哈拉逐渐被现在的荒凉大漠所代替。

沙漠绿洲

在人们的心目中，沙漠是神秘而又荒凉的地方，到处是连绵不绝的沙丘，"行尽胡天千万里，唯见黄沙白云起"是沙漠最真实的写照。可是，就在这些人们以为寸草不生的地方，却隐藏着一些神奇的生命之地，那就是绿洲。在广阔的撒哈拉深处，就有许多绿洲，一片密集的树林遮挡住了漫天的黄沙，散落在密林

生活在撒哈拉地区的游牧民族与绿洲上的常驻居民不同，他们过着迁徙的生活，一般都是随着水源而不断地迁徙。

棕榈树是沙漠绿洲中最常见的代表性植物，整个撒哈拉约有3000万株，占全世界的1/3。

沙漠里的生命

尽管气候干燥、土壤盐碱化，但红柳、合欢树等植物照样在撒哈拉顽强地生长。沙漠植物适应干旱环境的方式多种多样，有的以种子的形式维持生存，一遇到降雨，能在一昼夜之间发芽，在短短的几周内迅速完成生长、开花和种子成熟的全过程；有的生理结构发生变异，龙舌兰在叶子中储存水分，仙人掌在茎中储存水分并把长长的根伸入地底深处吸取地下的水分。这里的动物也有相同的特色，耐干旱、善于储存水分。沙漠里最典型的动物就是被称为"沙漠之舟"的骆驼，它可

骆驼是生活在荒漠和半荒漠地区的重要畜种，在长期的进化过程中，它的机体构造、器官功能和生活习性等都发生了变化，以适应独特的荒漠条件，因此被誉为"沙漠之舟"。

以一周不喝水，靠分解贮存在驼峰里的养分来维持生命，并且，骆驼对水还有特殊的敏感，可以发现很远的地方的水源，是人们在沙漠中生活时不可缺少的好帮手。

沙漠风情画

在人们的想象中，一提起沙漠就会出现这样一幅图画：漫天狂风席卷着飞沙走石呼啸而过，天地间一片苍黄，充满了暗淡、悲凉的气氛。事实上，世界上的沙漠并非都像我们想象的那样一片灰黄。在美国的亚利桑那州就有一片彩色的荒漠。由于经受了千万年的气候变化，这里的沙粒已经晶化成一层层的矿物质，紫、黄、绿等各种色彩在阳光的照射下闪着诡异的光。无独有偶，位于中亚的卡拉库姆沙漠则是由黑岩层沙化而成的，因而呈现出棕黑色，每个到这里的游客见到这片阴沉的荒漠都会感到不寒而栗。除此之外，在一些地方还出现过红色的、蓝色的甚至白色的沙漠，它们多姿多彩，为原本荒凉的沙漠增添了一种浪漫的风情。

撒哈拉壁画群

1850年，德国探险家海因里希·巴思在撒哈拉的塔西亚高原惊奇地发现，当地沙岩的表面满是野牛、鸵鸟和人的画像。画面色彩雅致和谐，栩栩如生，但是画中并没有骆驼。后来人们又陆续发现了更多的岩画，成画时间约在公元前6000~公元前1000年。这些画面表现了人们当时的生活情景，除此之外，那些大象、犀牛、长颈鹿、鸵鸟等现在只能在撒哈拉以南1500多千米的草原上才能找到的动物和另外还有一些显然已经绝迹的飞禽走兽也出现在了壁画当中。1956年，亨利·罗特率领法国探险队又在这里发现了大约10000件壁画，并于1957年将总面积为10780平方米的壁画复制品及照片带回巴黎，轰动了全世界。撒哈拉壁画群一时间成为世人谈论的话

这幅描绘饲养牲畜场面的壁画反映了远古时期撒哈拉地区人民的生活风貌。

题，甚至有许多人不远万里来到撒哈拉，以求亲眼目睹这一世界奇迹。

在埃及首都开罗的西南部有一片白色的沙漠，这里原来遍布着大量的石灰石，经过长期的风化，沙石穿上了一层白色的外衣。

动物不能生活的地方
马达加斯加岛 "磬吉"

在非洲东南海岸马达加斯加岛的东南部，有一片巨大的石林，像经过了刀削斧砍一样，有的高达300多米，令人望而生畏；当地人把这些岩石称为"磬吉"，意思是"动物不能生活的地方"。

磬吉地区的绝大多数地面都是由崎岖不平的石灰岩构成的，为贝玛拉哈高原的一部分，属于典型的喀斯特地貌。这里高达几百米的岩顶是一个与世隔绝的世界，那里全是纸一样薄、剃刀般锋利的尖峰。在磬吉所处的马南布卢河的北部，季节河与长流河在高原上不停地流淌，而位于高原低处还有数不清的喷泉，它们都

岩石缝隙中的植物生长情况各有不同：有的可以高出岩石若干米，以便更多地接受阳光的照射；有的则努力把根扎入很深的地下汲取地下的营养。

为"磬吉"的形成提供着不可缺少的重要水源，也为喀斯特地貌的形成创造着有利的条件。这里降水十分丰富，大雨冲刷掉了岩石表面松软的部分，只留下尖锥和薄薄的峰脊。雨水渗入高原的岩石缝里，在巨大的岩石壁上溶成一个个洞窟，水中的石灰质在洞窟里沉积，形成壮观的石笋和钟乳石。在一些较大的洞穴底部还长满植物，形成一小片一小片分开的原始森林。

艰难的生存

磬吉地区的植被属于典型的马

磬吉地区有许多小型的爬行动物、两栖动物以及少量的昆虫。这只小蜥蜴就是这里特有的爬行动物。

马达加斯加岛

马达加斯加岛是世界第四大岛，于4000万年以前从非洲东海岸分裂出来。由于该岛长期孤立于海洋中，岛上的许多动物成了独一无二的稀有动物，例如世界上唯一的纯种狐猴。

达加斯加西部喀斯特地区植被类型，这里的许多物种都是本地特有的。干燥而密集的落叶林和广泛的稀树草原随处可见。尽管这里降水十分充沛，但因为地处石灰岩高地，因此，许多植物还是不能获取足够的水分。这里的植物大部分都是能在旱地生长的植物，包括猴面包树、黑檀木、野香蕉以及生长在岩石地区的旱生芦苇等。对于这里的动物，人们了解得非常有限，至今还没有仔细地研究过。但据一些科学家的初步考证，这里有许多濒危的特级保护动物，是世界上其他地方所没有的，例如环尾狐猴等。和这里的植物一样，生活在磐吉地区的动物也面临着严峻的生存危

虽然狐猴被称为猴，但它并不属于猴类，而是一种较为原始的灵长目动物。

机。但不管怎么样，它们依然在这片土地上艰难而顽强地生活着。

这里的岩石是石灰岩，多少年来，大雨侵蚀了那些较软的岩石，只留下硬针状岩直立于地面之上。

旱季时，埃托河盐沼闪闪发亮，凹凸不平，还不时掠过急速的尘暴和旋风。盐渍土上，动物的脚印纵横交错。

非洲大陆的幻影之湖

埃托河盐沼

埃托河盐沼位于纳米比亚北部，面积4800平方千米，海拔1030米，是非洲大陆最大的盐沼。当地的奥万博人称之为"幻影之湖"或"干涸之地"。

埃托河原是一片长130千米、宽50千米的白色盐沼，今天仅存一小部分。盐沼中，有零落的盐泉形成的黏土盐丘，几条平行的水道流经这里，并向北进入安哥拉。在每年12月至翌年3月的季风

埃托河盐沼上遍布着盐滩和盐洼坑地，它们均呈瓦状隆起，好像蜂巢一般延伸到很远的地方。

季节，盐沼四周布满雨水塘。东边地平线上的乌云把倾盆大雨送到北部的奥波诺诺湖里。湖满溢后，沿着埃库玛河和奥希甘博河，将活命的水源输送到埃托河盐沼干燥的边缘地带，吸引了数以万计的红鹳和其他鸟雀。在干旱的土壤里休眠的草子，此刻也都生机勃发，使这片土地绿草如茵。

埃托河盐沼是非洲最好的动物保护区之一，也是非洲大陆上的第三大保护区。

动物大迁徙

每年雨季来临之时，数以万计的野生动物离开冬天的栖息地，从位于盐沼东北部的安多尼平原蜂拥而至。斑马的嘶叫、牛羚的哀嚎以及其他大大小小的动物的喘息声、嘶叫声交织在一起。走在最前面的是大型的食草动物：长颈鹿成群结队，警惕地巡视着四周；大象则以单行纵队踟蹰前行；大批的非洲跳羚、白羚以及南部棕羚结伴而行，它们是这里的奔跑冠军，遇到危险就会拔足狂奔，时速可以达到90千米。尾随这队长长的食草动物的是那些凶恶的食肉动物：狮子、猎豹以及野狗，它们都是这片土地上的霸主，它们紧紧跟在队伍的后面，伺机猎取食物。与此同时，成群的红鹳、埃及雁、千鸟和小云雀等也加入了迁徙的行列。整整一个雨季，它们都在盐沼里寻觅各自的生存方式。雨季结束了，盐沼又变得异常干燥，表层上只留下了无数的脚印，而那些曾经的居民则浩浩荡荡地迁向另外一个地方，直到第二年的雨季才会再一次光临。

雨季来临时，成群结队的大象就会随队迁徙到埃托河盐沼。

"美丽"的人间地狱
骷髅海岸

在非洲的纳米布沙漠和大西洋冷水域之间，有一片特殊的地带，绵延的海岸线达数百千米，美丽的金色沙滩上布满散落的船体和被风沙吞噬后的遗骸，向人们昭示着这里的危险与荒凉，它就是非洲大陆著名的"骷髅海岸"。

从空中俯瞰，骷髅海岸是一大片褶痕斑驳的金色沙丘，从大西洋向东北延伸到内陆的砂砾平原。沙丘之间闪闪发光的蜃景从沙漠岩石间升起，围绕着这些蜃景的是不断流动的沙丘，在风中发出隆隆的呼啸声。在沙丘的远处，几亿年来风沙的侵蚀把这里的岩石雕刻得奇形怪状，犹如妖怪幽灵，从荒凉的地面显露出来。1933年，一位瑞士飞行员

骷髅海岸的主人

在生活在骷髅海岸的众多动物当中，南非海狗可以算得上是这里真正的主人。它们绝大部分时间都生活在海上，但一到了春季，它们就会回到这里生儿育女。小海狗刚出生的时候身体是黑色的，随着年纪的增长逐渐变为灰黄色，喉咙处则是灰白色的。令人惊奇的是，海狗妈妈可以从上万只海狗中找到自己的孩子，爱子之情可见一斑。

由于骷髅海岸地处内陆与大洋的交界处，从南方吹来的大风使海岸边的沙丘呈现出起伏的波浪状。

诺尔从开普敦飞往伦敦时，飞机失事坠落在海岸附近，当时一位记者指出诺尔的骸骨终有一天会在这里找到，并称此处为"骷髅海岸"。

近一个世纪以来，骷髅海岸附近发生了许多沉船事故。据科学家考证，主要原因在于这一带的海域充满危险：海面下暗流纵横交错，十分汹涌，同时遍布参差不齐的暗礁，凶险异常；海面上则经常刮起8级以上的狂风，将路过附近的船只卷入风暴中心，或突然出现一片浓浓的雾海，令误入其中的船只迷失方向，最后撞上暗礁。即使有少数的幸存者侥幸爬上岸来，又会被漫天的风沙折磨至死。结果，这里成了名副其实的"人间地狱"。

海岸生灵

虽然海岸附近一片荒凉，充满危险的气息，但这其实只是一种表象。骷髅海岸的河床下蕴藏着丰富的地下水，因此滋养了无数的生灵，其动植物种类之繁多令人惊异，科学家形象地把这里称为"狭长的绿洲"。

湿润的草地和灌木丛吸引了大量的哺乳动物：大象把牙齿深深插入沙中寻找水源；大羚羊则用有力的前蹄踩踏地面，想发现水的踪迹。海边，大浪猛烈地拍打着缓斜的沙滩，把数以百万计的小石子冲上岸边，各色的卵石给这里带来了些许斑斓。早晨，潮湿的雾气渗入沙丘，给隐藏在沙丘中的小生物带来了生机，它们从隐蔽的地方跑出来，寻找食物、汲取水分。

在冰凉的水域里，还有大量的沙丁鱼和鲻鱼，它们也引来了成群的海鸟和数以万计的海豹，给这片荒凉的地方注入了生机。

海岸上有许多遇难船只的残骸和遇难者的骸骨，向人昭示着大自然的无情。

因失事而破裂的船只残骸杂乱无章地散落在海岸上。

除此之外，在距离海岸不远的岛屿和海湾，还生活着蟋蟀、壁虎等动物。在炎热的午后，它们常常伸展着高跷似的四肢，努力撑高身体，离开灼热的地面，享受着相对凉爽的沙漠微风。

南非海狗是这片海岸的主人，它们大部分时间生活在海上，但到了春季，它们要回到这里生儿育女，漫长的海岸线就是它们爱的温床。到了陆地上，海狗的动作可不像在海里那样灵活敏捷。它们把鳍状肢当作腿来使用，看起来笨拙而又可爱。

卡拉哈里的明珠
奥卡万戈三角洲

在非洲博茨瓦纳共和国北部的卡拉哈里沙漠的边缘，有一片草木茂盛的热带沼泽地，它就是地球上最大的内陆三角洲——奥卡万戈三角洲。在这里，蜿蜒的奥卡万戈河形成了数以万计的水道和潟湖，难怪人们都称其为"卡拉哈里的明珠"。

1960年，博茨瓦纳政府在三角洲地区设立了莫雷米动物保护区，其面积占三角洲总面积的20%，生活着大量的野生动物。

奥卡万戈三角洲位于卡拉哈里沙漠边缘，地区内长满了茂盛的纸莎草和凤凰棕榈。奥卡万戈河每年携带着超过200万吨的泥沙进入三角洲。在泄洪高

奥卡万戈三角洲上有许多潟湖和狭窄的水道，那里是沼泽羚最喜欢的地方。

峰期，三角洲的面积可以达到2万平方千米。当洪水过境时，三角洲上的野生动物开始向这一区域的腹地退缩，因此，每到

每年的5～10月份，这里便成为卡拉哈里野生动物的避难所。在这里，你会看到意想不到的画面：在水中悠游的鱼儿、在沙滩上晒太阳的鳄鱼、自由吃草的河马和沼泽羚羊。

这里还是非洲动物最集中的地方，集中了大象、斑马、狮子、长颈鹿、河马等72种哺乳动物，95种两栖爬行动物和上千种鸟类，被称为非洲动物的乐土。

同时，三角洲的水域内至少还生活着68种鱼类。住在这里的动物，大到河马，小到蜂鸟，巧妙地交织成一个错综复杂的生命网络。

独特的水道体系

三角洲位于远古时代的大湖——玛加第加第湖的最后遗址上。其东北部与宽渡河、林杨提河以及科比沼泽河相邻。据说很久以前，这些河流曾经是一条连在一起的大河，穿过卡拉哈里中部地区，最后注入印度洋。但后来，造山运动和断层作用在卡拉哈里一津巴布韦轴线上造成了一个大裂口，从而阻断了河流的进程，使得河流不断后退，离开了湿润的高地，经过干燥的卡拉哈里流入博茨瓦纳西北部的平坦地区。

由于这里坡度极小，因此河水流到此地后就呈扇形散开。随着时间的流逝，上百万吨的泥沙和碎片在此地沉积下来，形成了独具特色的扇形三角洲。这样，一个独特的水道体系由此产生了。

奥卡万戈河起源于安哥拉的比耶高原，它穿越纳米比亚的最北端，进入博茨瓦纳境内后注入卡拉哈里盆地，形成了奥卡万戈三角洲。

涌上大地的石头波浪
波浪岩

在澳大利亚西部的海登城附近，有一个名叫海登岩的巨大岩层。在它的北端有一处奇特的景观，从远处看，就像平地上腾起一个个滔天巨浪，来势汹汹；等走近一看，发现原来是一块倒立的巨型怪岩，颜色艳丽夺目，令人叹为观止，这就是被称为澳大利亚奇景的波浪岩。

如果人们站在波浪岩的波谷处，就感觉自己好像逐浪的健儿一样，因此，每年都有许多的游客慕名而来，为的就是一睹波浪岩独特的景观。

这座巨大岩层并非一个独立岩石，而是由连接北边一百米的海顿石及状似河马张口的马口岩等串连而成的风化岩石。站在崖壁前，波浪岩仿佛汹涌的巨浪扑面而来，气势十分壮观。更令人叹为观

止的是波浪岩绚烂夺目的颜色，其色调会随着阳光的照射而发生不同的变化。

位于波浪岩北面的马口岩是一块空心岩，外形十分像河马的嘴，沿着马口岩向

波浪岩高出平地15米，长约100米，形似一排被冻结的波浪。

北几千米处还有一组十分壮观的奇特岩石，名叫驼峰岩，整个形状就像一排排并列的驼峰，绵延不绝。

波浪岩的附近还有澳洲的原住民遗留下来的史前壁画。其中有许多似鸟似兽的生物，它们代表了澳洲原住民传说里的人物还有守护神。

现在，波浪岩已经成为西澳大利亚的地标，当地人骄傲地称它为"世界第八大奇迹"。

1963年，纽约摄影师Jay Hodges在一次旅行中拍摄到了波浪岩的照片，后来，该照片被刊登在了《国家地理》杂志的封面上，波浪岩也因此名声大振。

波浪岩的形成

经过大自然力量的洗礼，将波浪岩表面刻画成凹陷的形状，加上日积月累风雨的冲刷和早晚剧烈的温差，渐渐地侵蚀成波浪岩的形状。整个侵蚀进化的过程十分缓慢，但是呈现在我们眼前的景观如此的壮观，大自然的力量真是巨大无比。

波浪岩的主要成分是花岗岩，它的岩粒形成于前寒武纪。大约在2700万年以前，这些小石粒慢慢成为结晶状，而且上方的岩石较硬，中间的较软。

后来，岩石周围的土壤被雨水冲刷掉，随之而来的风把较下层的外表吹蚀掉，留下成蜷曲状的顶部。而含有碳和氢的雨水带走它表面的化学物质的同时又产生化学作用，在它的表面形成黑色、灰色、红色、咖啡色和土黄色的条纹，这些深浅不同的线条使得波浪岩看起来更加生动，真的就像滚滚而来的海浪。在偏西的阳光照射下，线条颜色最鲜明的时候，波浪造型更加栩栩如生。

波浪岩是经过长期风沙雨水侵蚀加上每天白天晚上剧烈的温差而慢慢产生出整个波浪的形状，整个侵蚀过程十分缓慢。

一幅色彩纷呈的现代派绘画

缤纷五彩湾

五彩湾是新疆大地上一幅色彩纷呈的现代派绘画。高大的五彩山岗端立在图画中央，整个造型就像一个身着彩衣、东向而立的沉静美人。湾内地貌起伏，奇峰怪石千姿百态，或蜿蜒如巨蟒，或威武似雄狮，或典雅如仕女，或玲珑似宝塔，让人扑朔迷离，应接不暇。

五彩湾又称五彩城，因其五彩缤纷的地貌特征而得名。五彩湾位于古尔班通古特沙漠东部的吉木萨尔境内，西邻沙漠，北靠卡拉麦里山。直到20世纪80年代初，五彩湾才被石油勘探工作者发现，很快就闻名全国了。

五彩湾是新疆最美的地方之一，其岩色基调为赭红色，黄、绿、白、蓝、黑五色掺杂其中，色彩缤纷。

五彩湾的形成

五彩湾由数十座五彩山丘组成，面积有十几平方千米。那些错落有致的小山丘，就像一个个蒙古帐篷，透出村落的安闲和温暖，而那些高大的山丘则拔地而起、戴云披风，不亚于大都市的高层建筑。穿行于这些令人眼花缭乱的山丘中间，真有走进迷宫的感觉，稍不留神，就找不着归路。

走进五彩湾就像走进一个梦幻世界，光怪陆离的色彩从四面八方涌来，令人目眩神迷。顺着山势举目展

五彩湾由赭红色的烧结岩构成，在朝阳或晚霞的映照下，山体仿佛在熊熊燃烧，美丽而壮观。

气候冷热干湿的周期性变化和地壳运动的震荡变化使这里沉积了各种鲜艳的湖相岩层，造就了五彩湾殊胜的地貌景观。

望，那些或大或小、错落有致的山岗无不被艳丽的色彩缠裹，呈现出千姿百态、扑朔迷离的景象，让人疑心这眼前的世界是某个抽象派大师所绘的不朽画卷。其实，五彩湾完全是大自然的杰作。大约在几十万年前的某个地质时期，这里沉积了很厚的煤层。由于地壳的强烈运动，地表凸起，那些煤层也随之出露地表。历经风蚀雨剥后，煤层表面的砂石被冲蚀殆尽。在阳光暴晒和雷电袭击的作用下，煤层大面积燃烧，形成了烧结岩堆积的大小山丘。加上各个地质时期矿物质的含量不尽相同，这一带连绵的山丘便呈现出以赭红为主、夹杂着黄白黑绿等多种色彩的绚丽景观。站在这些美丽的山包上，你可以想象出当年那一片火海的壮观景象，同时也感受到一种源自历史深处的疼痛。

奇幻五彩湾

一天之中的早、中、晚三个时段，五彩湾所展现的姿态各不相同。清晨，一轮红日从地面喷薄而出，射出漫天如孔雀尾羽状的灿烂金辉，蓝宝石一般的天空中飘来朵朵羊绒般的彩云。此刻的五彩湾就像一个刚刚出浴的圣女，秀雅而多姿。中午，五彩湾炽热如火，仿佛整个世界的阳光都聚集在这里。山丘的色彩在阳光的威逼下变得淡化，就连空气也变得燥热炙人，一场熄灭了几万年的大火好像又要被重新点燃。日落黄昏，整个五彩湾被夕阳点燃，那些本已淡化的色彩一下子强烈起来，山丘变得绚丽多彩，红得如火、黄得如金、绿得可爱、蓝得诱人。而被晚霞描绘的五色天空就像一个温馨的彩罩，笼于五彩湾的上空，使人仿佛置身于一个美丽的梦境。夜幕降临，长空万里，皓月如银，安详而静谧的五彩湾浸润在一片如水的月光里，若隐若现的山头就像一片灰色的云烟，仿佛与世隔绝的幻景。

五彩湾的确是一个美丽的地方。它的美就在于它的原始，它的悲壮，它的神奇，以及它给予人们的无限启迪，相信每一个走进它的人都会为它的无穷魅力所倾倒。

五彩湾是受风力和流水作用形成的侵蚀台地，外观属丘陵地形。岩石色泽不一，酷似五彩古堡。

大自然的野兽派雕塑
新疆魔鬼城

耸立在新疆版图上的雅丹地貌，是大自然的野兽派雕塑作品。"雅丹"是维吾尔语，意即"陡壁之丘"，这就是人们常说的"魔鬼城"。沐浴着金色阳光的魔鬼城，展现的不仅仅是苍凉，更有宏大与震撼，壮美与辉煌。

新疆魔鬼城在蒙古语中称"苏木哈克"，在哈萨克语中称为"沙依坦克尔西"，其意皆为魔鬼。名为魔鬼城，不仅因为它特殊的地貌形同魔鬼般狰狞，而且源于狂风刮过此地时发出的声音有如魔鬼般令人毛骨悚然，这种特殊的地质面貌就是雅丹地貌。魔鬼城里到处是一座座艺术的"泥塑"，而这些艺术作品的作者就是风沙。

乌尔禾魔鬼城是一处独特的风蚀地貌，当地人也称之为"风城"。

四大魔鬼城

新疆的魔鬼城有多处，大多处于戈壁荒滩或沙漠之中，其中较为著名的有4座，即乌尔禾魔鬼城、奇台魔鬼城、克孜尔魔鬼城、哈密魔鬼城。

乌尔禾魔鬼城 位于准噶尔盆地西部边缘，西南距克拉玛依市约100千米。该城处在佳木斯河下游，正对着西北方由成吉思汗山与哈拉阿拉特山夹峙形成的峡谷风口，其神奇地貌是在间歇洪流冲刷和强劲风力吹蚀的共同作用下形成的。远眺乌尔禾魔鬼城，宛若中世纪的一座古城堡，但见堡群林立，参差错落，给人以苍凉恐怖之感。魔鬼城是赭红与灰绿相间的白垩纪水平砂、泥岩和遭流水侵蚀与风力旋磨、雕刻形成的各类风蚀地貌形态的组合。

据考察，约1亿多年前的白垩纪时期，这里是一个巨大的淡水湖泊，湖岸生长着茂盛的植物，水中栖息着乌尔禾剑龙、蛇颈龙、准噶尔翼龙和其他远古动物。经过两次大的地壳运动后，湖泊变成了间夹着砂岩和泥板岩的陆地瀚海，地质学上称之为"戈壁台地"。20世纪60年代，地质工作者在这里发掘出一具完整的翼龙化石，从而使乌尔禾魔鬼城

戈壁荒滩上遍布着坚硬无比、杂乱无章的砾石，馒头状的岩石丘陵上杂草丛生，一片沉寂。

蜚声天下。

奇台魔鬼城　位于准噶尔盆地东部的将军戈壁上。在地理上，它与乌尔禾魔鬼城处于同一纬度，都属于典型的雅丹地貌。由奇台县城向北行几十千米，便是一望无际的将军戈壁。除了魔鬼城外，这里还有亚洲最大的硅化木群、轰动全国的恐龙沟、被称为化石之库的石钱滩，它们与魔鬼城并称将军戈壁"四大奇迹"。

奇台魔鬼城是大自然的奇妙手笔。千百万年前，由于地壳的运动，这里形成了一些沙岩结构的山体，其中较为松软的岩石在风雨的剥蚀下，形成了千奇百怪的岩体和大大小小的洞穴。其实，魔鬼城最像城的部分是一座1000多米长的小山，山体岩层错落有致，酷似一排排门窗，像极了古代城堡。最奇的还是它的左侧，耸立着一大一小既像古塔又像门楼的巨岩，其酷似人工建筑的逼真程度令人惊叹不已。

克孜尔魔鬼城　地处拜

这些看上去毫不起眼的小土丘都曾经是巨大山体的一部分。

城盆地与东北部黑英山之间的低山丘陵区。整体地形北高南低，由剥蚀、风蚀和流水作用形成的纵横沟谷及沟谷间的梁脊、台地、孤丘等组成。孤丘、台地、梁脊与谷地高差不等。这座高原上的魔鬼城仿佛一座高原石林，质地坚硬，挺拔矗立。

哈密魔鬼城　位于哈密五堡乡西南30余千米处的戈壁滩上。这里的雅丹群有平地突起之势。经过长年风雨的洗礼，地面呈现出层层黑油般的沙浪。当太阳接近地面时，隐没的光线打在棱角分明的雅丹群上，犹如黑色海洋中的神秘之城。

古书称火焰山为赤石山，维吾尔语称其为克孜勒塔格，意即红山，唐人以其炎热曾名为"火山"。

中国的高热地带

炎炎火焰山

火焰山地处新疆吐鲁番盆地的苍茫荒漠之中，东西长达100千米，南北宽约10千米，海拔500米左右。火焰山主要由红色砂岩构成，山势曲折，形状怪异。在强烈的阳光照射下，红色砂岩熠熠发光，如同殷红的鲜血；烟云蒸腾，又像燃烧着的巨龙，奔腾跳跃，威武壮观。

火焰山火红的山体就如同火焰一般，散发着灼灼热浪。

火焰山山脉呈东西走向，东起鄯善县兰干流沙河，西止吐鲁番桃儿沟，横卧于吐鲁番盆地中。其最高峰在鄯善县吐峪沟附近，海拔851米。火焰山是天山东部博格达山南坡前山带的一个短小褶皱，形成于喜马拉雅造山运动期间。山脉的雏形形成于距今1.4亿年前，基本地貌格局形成于距今1.41亿年前，经历了漫长的地质岁月，跨越了侏罗纪、白垩纪、第三纪等几个重要地质年代。火焰山真可谓是沙漠狂风的大手笔！

火焰山下有一个世界上最大的、金箍棒造型的温度计。

高热之因

吐鲁番火焰山童山秃岭，寸草不生。传说，它就是《西游记》中所提到的那座火焰山。吐鲁番火焰山是全国最热的地方，盛夏时的地表温度高达70℃以上，历史最高记录曾达到82.3℃。人们把鸡蛋随便搁在地上的沙窝里，不一会儿就能烤熟！难怪唐代边塞诗人岑参说："火山突兀赤亭口，火山五月火云厚。火山满天凝未开，飞鸟千里不敢来。"

为什么火焰山夏季如此酷热，并在全国保持遥遥领先的高温记录呢？原来，火焰山深居内陆，湿润气流难以进入，因而云雨稀少，气候十分干燥。同时，由于云层稀薄，太阳辐射被大气削弱的少，到达地面热量多，而地面又无水分供蒸发，热量支出少，地温就升得很高，高热的地面又把能量源源不断地传给大气。再加上

火焰山地处闭塞低洼的吐鲁番盆地中部，一方面阳光辐射积聚的热量不易散失，另一方面沿着群山下沉的气流送来阵阵热风，造成所谓焚风效应，更加剧了增温作用。以上种种原因使这里形成名副其实的"火洲"。所以，即使站在远处看火焰山，也会清楚地看到整座大山的"熊熊烈火"，会感觉到一股股炙热的气流扑面而来，令人汗流浃背、头昏目眩。由于火焰山下阳光充足、昼夜温差大，十分有利于瓜果生长，这里的葡萄、哈密瓜闻名全国。

葡萄沟

由于地壳运动断裂与河水切割，火焰山山腹中留下了许多沟谷。这些沟谷风景秀丽、瓜果飘香，葡萄沟就是其中之一。葡萄沟位于火焰山西端，沟中铺绿叠翠、景色秀丽、别有洞天，同火焰山光秃秃的山体形成了鲜明的对照。葡萄沟内，两山夹峙，形成坡洼沟谷，中有湍急溪流。沟长8000米，宽500米，其间布满了果园和葡萄园。这里世代居住着维、回、汉等民族的果农，主要种植无核白葡萄和马奶子葡萄。无核白葡萄晶莹如玉，堪称天下最甜的葡萄。葡萄沟的崖壁中渗出泉水，汇而成池，池水清澈。漫步于斯，令人有不知身在炎炎火焰山中之感。

火焰山高温干旱，"飞鸟千里不敢来"。它位处"丝绸之路"北道上，至今仍留存有许多文化古迹和历史佳话。

迁移问题的百年论争

罗布泊谜地

关于古代罗布泊地区，晋代高僧法显在其《佛国记》中有一段令人恐怖的描绘："沙河中多有恶鬼、热风，遇则皆死，无一全者。上无飞鸟，下无走兽。遍望极目，欲求度处，则莫知所拟，惟以死人枯骨为标帜耳。"而今日的罗布泊地区，也是夏季酷热，冬季严寒，气候干旱，沙丘无垠，盐壳广布，地貌狰狞……

2000多年来，中外探险家纷纷来罗布泊考察，写下了许多相关报道。

中国新疆塔里木盆地东部有片茫茫荒原，东至北山，西至塔里木河下游主河道以西，南抵阿尔金山山麓，北达库鲁克塔格山脉。这便是充满神秘色彩的罗布泊地区。现今已极度干旱的罗布泊地区原先是一个名闻遐迩的湖泊，也是一个十分奇特的内陆大湖。

关于罗布泊是否为迁移湖的问题已经争论了130多年，是一个世纪之谜。

罗布泊迁移问题之争

瑞典人斯文·赫定是一位著名的探险家和地理学家，正是他创立了有名的罗布泊"游移湖"理论。"游移湖"理论的主要内容是：330年以前，塔里木河一直向东奔流，注入楼兰南面的老"罗布泊"，即清代地图上的罗布淖尔。塔里木河改道后，又向东南流入喀拉库顺地区的湖泊。罗布泊犹如塔里木河钟摆上挂的锤，反复地南北摆动。"游移湖"理论影响广泛，几成定论。但是，20世纪50年代后期和80年代初期，一些科学家否定了斯文·赫定的"游移湖"理论，提

繁星般的土丘分布在罗布泊的东、西、北岸一带。

出了罗布泊始终在罗布洼地的"未迁说"。

可是，罗布泊真的从来没有"游移"过吗？近年来，有专家经过潜心研究，又否定了"未迁说"。专家指出，干旱地区的一些湖泊具有迁移的特性，而罗布泊是一个具有典型的迁移特征的荒漠湖泊。河流变迁是湖泊迁移的先导，而湖泊迁移是河流变迁的结果。塔里木河下游的河道变迁是引起罗布泊迁移的根本原因。罗布泊的迁移过程复原如下：汉晋时期，塔里木河下游的库姆河和古代罗布泊（即古籍所记载的泽、盐泽、蒲昌海），孕育了辉煌的楼兰古文明。后来库姆河改道经罗布沙漠西侧的"小河"流注

屯城(即今米兰)北的湖泊，即《水经注》所称的牢兰海。库姆河改道后，楼兰古城无声无息地被遗弃在沙漠之中。大约在晚唐至五代之际，塔里木河下游水系再次出现巨大变动，改道后的湖泊在英苏－阿拉干一带潴积，清时称之为罗布淖尔。18世纪后期或稍晚，罗布淖尔从英苏－阿拉干一带迁移到喀拉库顺湖。1921年，塔里木河大改道，经东河滩流入孔雀河，并在铁门堡河曲发育的地方突破薄弱的河岸，东注罗布洼地，形成现代史上的罗布泊。1952年，尉犁县在塔里木河中游筑坝，塔里木河因而复入故道，终点湖在台特马湖。20世纪50年代后期至60年代

初，塔里木河正值丰水期，洪水多次涌入下游，突破台特马湖湖区，致使罗布洼地出现面积极大、水深极浅的大湖。但由于塔里木河下游水库和孔雀河水坝的修筑，罗布洼地来水渐绝。60年代中后期，广袤无垠的罗布泊终于在罗布洼地消失了，塔里木河在大西海子水库形成终点湖。

罗布泊是谜的世界，罗布泊迁移问题更是谜中之谜。而现在，笼罩在其上的层层面纱正在揭开，相信现代科学技术最终将向世人展示罗布泊迁移的真相，彻底揭开这一谜中之谜。

黄土地貌的形成之因

黄土高原

黄土高原是中华文明最重要的发源地。可是，很少有人知道在那浩瀚的黄土高原上，在那深埋的黄土地层里，隐藏着多少鲜为人知的自然奥秘！比如黄土高原的黄土，来自何方？如何形成？这看似平常的问题，长久以来却没有最终的答案……

黄山滚滚，连绵不绝，那是黄土巨人身上裸露出的隆起的肌肉。

黄土高原是我国四大高原之一，横跨青、甘、宁、蒙、陕、晋、豫7个省区，面积约为40多万平方千米。黄土高原由西北向东南倾斜，海拔多在1000～2000米。区域内的主要山脉六盘山和子午岭将其分为3个部分，自东而西分别为山西高原、陕甘黄土高原和陇西高原。

黄土地貌

黄土高原的地貌结构主要包括三种类型：其一，突起于黄土覆盖层之上的岩石山地；其二，接受新生界沉积的断陷盆地或地堑谷地；其三，位置居中，基岩上为深厚黄土层所覆盖，并为河谷分割的"塬"、"梁"、"峁"。黄土塬是四周为沟谷蚕食的黄土高原面；黄土梁和黄土峁是两侧为沟谷分割的黄土丘陵，前者呈长条形，后者呈椭圆形或圆形。从分布面积来看，塬、梁、峁是黄土高原的地貌主体。

通常我们所能看到的黄土高原只是厚积于其表面的黄土层，黄土层所掩盖着的则是早已形成的高

由黄土塬、梁、峁组成的黄土地貌构成了一幅雄浑的黄土地风光。

原基岩。黄土高原的形成首先是高原基岩的形成，之后才是黄土的堆积。然而，这些黄土来自何处？又是如何堆积于高原之上的呢？

风成说与水成说

在地质学界，关于黄土高原的成因主要有两种

黄土高原上的老汉将羊群赶到黄河边上放牧。

说法：风成说和水成说。其中，水成说认为陕北黄土物质的堆积过程，主要是盆地周围高山岩石风化形成的粉砂质与黏土质碎屑由坡水带到涧溪，流入小河，又被大河冲到盆地平原所形成的。这些河流（主要为黄河及其支流）时常泛滥，形成一个广大的冲积扇并不断淤积，冲积扇淤高到一定程度，河道就要迁徙，原先的泥土淤积处就会变成黄土。由于河道不断迁移，泥土就不断淤积而转变成新的黄土，越积越厚，最终形成今日之黄土高原。

而风成说则认为黄土

黄土高原大部分为黄土覆盖，厚度多在50米至100米之间。

层是被风吹到草原区，逐渐固结和增厚成为原生黄土（通过风力搬运形成的黄土），然后为流水搬移成次生黄土（通过其他营力搬运形成的黄土），最后累积而成的。简而言之，"黄土风成说"即认为黄土高原上的黄土来源于西北部广大的沙漠地区，尤其是新疆塔克拉玛干沙漠，运送动力则是风。

黄土高原上连绵的黄土，这象征中华民族生生不息的黄土，是远方的来客，还是本地的土著？这仍然是一个谜……

沙海中的艺术圣地莫高窟

敦煌鸣沙山

在古老敦煌的金色沙漠中，遗留有似钟磬和鸣、金鼓齐奏的鸣沙山，有震惊世界的"东方的艺术明珠"莫高窟，还有柔若无骨、翻飞飘舞的飞天女神……我们，是飞天的后人。

莫高窟犹如一颗明珠，在茫茫大漠中焕发出夺目光华。图为高达7层的洞窟。

鸣沙山，古称神沙山、沙山。它位于甘肃敦煌市南郊5千米处，山体高达数十米，东西绵亘40多千米，南北纵横20千米，海拔1650米，宛如两条沙臂张伸，围护着山麓的月牙泉。鸣沙山沙峰起伏，处于腾格里沙漠边缘，与宁夏中卫县的沙坡头、内蒙古达拉特旗的响沙湾和新疆巴里坤哈萨克自治县境内的巴里坤同为我国四大鸣沙山。从山顶往下滑时，沙砾随人体下坠，鸣声不绝于耳。据史书记载，天气晴朗之时，山有丝竹管弦之音，犹如奏乐，故称"沙岭晴鸣"，为敦煌一景。

鸣沙传说

所谓鸣沙，并非自鸣，而是因人沿沙面滑落而产生鸣响，是自然现象中的一种奇观，有人将之誉为"天地间的奇响，自然中美妙的乐章"。当你从山巅顺陡立的沙坡下滑，流沙如同一幅幅锦缎张挂沙坡，又好似金色群龙飞腾。鸣声随之而起，初如丝竹管弦，继若钟磬和鸣，进而金鼓齐奏，轰鸣不绝于耳。自古以来，由于人们不明沙鸣之因，故而产生了不少动人的传说。相传，这里原本水草丰茂，汉代有位将军率军西征，某夜宿营时遭敌军偷袭，正当两军死命厮杀、难解难分之际，大风骤起，刮起漫天黄沙，把两军人马全都埋入沙中，从此就有了鸣沙山。而至今犹在的沙鸣则是两军将士的厮杀之声。据《沙

莫高窟山岩上的一个个洞窟承负着信徒们令人慨叹的深长祈愿与虔诚念想。

鸣沙山因沙动鸣响而得名。山为流沙积成，沙分五色：红、黄、绿、白、黑。

州图经》载：鸣沙山"流动无定，俄然深谷为陵，高岩为谷，峰危似削，孤烟如画，夕疑无地"。这段文字描述鸣沙山形状多变，其原因是流沙造成的。

莫高窟

莫高窟俗称千佛洞，位于敦煌市东南25千米鸣沙山东麓，南北长约1600米，创建于前秦建元二年（东晋太和元年，366年），历经十六国、北魏、西魏、北周、隋、唐、五代、宋、西夏、元等朝代，连续营造千年之久。现存洞窟500多个，珍存着北凉至元各朝代制作的

壁画45000多平方米、彩塑2000余身，是世界上现存规模最宏大、保存最完好的佛教艺术宝库。

飞天形象

莫高窟中的壁画所表现的大都是佛教内容，如经变、本生、佛传、供养人及因缘故事，还有一些佛像、神怪、动物、山水画、建筑画以及装饰图案等。但其中最著名的艺术造型莫过于飞天了。在莫高窟约500个洞窟中，飞天形象出现了4500余型。飞天诞生于西方极乐世界的七宝池中，是圣洁无瑕的莲花化身。每当佛祖讲

经宣法时，她们就锦带绕身，当空翔舞。飞天形象大致起自北凉，中经北魏、西魏、北周、隋唐五代，直至宋元诸朝。但是唐代的飞天最为美丽。在画面中，她们一跃而起，仿佛完全摆脱了重力，不借助彩云，不借助风力，自由自在地盘旋在天空中。北魏的飞天太粗犷，宋元的飞天太细致而略显灵气不足，只有唐代的飞天将细致的笔触与创作者的激情完美地结合起来，让人感受到那泱泱盛唐才具备的自信和力量。

通往大石围天坑底部的洞口异常狭窄。

而在距地面较浅的地方形成隐伏的孔洞。随着孔洞的扩大，上方的土体逐步崩落，最后便形成漏斗。天坑主要分布在中国、俄罗斯、墨西哥、斯洛文尼亚等地。

小寨天坑与天井峡地缝

奉节兴隆镇坐落在重庆、湖北两地交界处，镇东有一条从海拔2000米左右的高山河谷中流下来的"撒谷溪"。溪水从石灰岩层流过，历经亿万年的溶蚀、坍陷，形成了一大片典型的石灰岩地貌。世界上最大的"天坑"和最深的"地缝"就分布在这里。

这里的天坑无论洞口大小，全都深不可测。其中，最壮观、最神秘的要属小寨天坑。小寨天坑

小寨天坑是经溶洞坍塌或地表水流入地下时溶蚀形成的。

小寨天坑·天井峡地缝·乐业天坑

天坑奇观

走在连绵的群山之中，冷不防眼前便露出一个巨大的坑洞，悬崖峭壁似斧劈刀削般森然直立，而绝壁围成的坑洞则犹如大山对着苍天张开了嘴巴。这种奇异的自然景观，民间俗称"天坑"，是大自然留给人类的神奇造化之谜。

仰面朝天的"天坑"，学名喀斯特漏斗或岩溶漏斗。在可溶性岩石大片分布的地区，丰富的地表水沿着可溶性岩石表面的垂直裂隙向下渗漏，裂隙不断扩大，从

位于荆竹乡小寨村。天坑上口直径622米，坑底直径522米，深666.2米，总容积约为1.19亿立方米，其深度和容积均居世界首位。撒谷溪不仅溶蚀出了这个世界上最大的天坑，而且还割裂出了一处地球上罕见的地貌——37千米长的地缝。此地缝又名"天井峡"，由峡谷、消水洞和地下河构成。在地理学上，地缝被称为"干谷"或"盲谷"。在石灰岩地区，由于河床有漏斗和落水洞，河流被全部截入地下，由此形成的干涸河床叫做"干谷"。有的河流全部消失在溶洞之中，成为没有出口的河谷，则叫"盲谷"。撒谷溪下的地缝中又有无数天坑，溪水全部转入地下，形成干谷。1994年9月，英国探险队员测得地缝的深度为900米，当属世界之最。

乐业天坑

广西西部有个乐业县，这里有着世界上最大的天坑群。乐业天坑群由大石围天坑和附近的数十个天坑组成，密集地排列在方圆20多平方千米的范围内。专家通过GPS地球卫星测量仪测出了大石围的准确数据：深度为613米，坑口东西长600米，南北宽420米，容积约为0.8亿立方米。其垂直高度和容积仅次于小寨天坑，居世界第二位。

乐业天坑群的底部，生长着茂密的原始森林。森林内的植物种类多达上千种，大部分迥异于坑外植物。在大石围天坑底部的暗河中有一种罕见鱼类——盲鱼。盲鱼眼睛很小很小，显然是长期生活的黑暗环境使然。

在这方圆数千米的范围内，何以密集如此之多的天坑呢?中国地质专家们推断，这与乐业县特殊的地质构造有关。乐业县的地层呈S形旋扭构造，天坑分布的地区正处于这个旋扭构造的中部，即两个反向弧形的连接线上。这个地区在地壳震荡时发生的张力最大，由此形成了诸多的抗张裂隙，即天坑群。

从高处眺望，只见覆盖着苍茫山林的岩崖下，有一道窄缝蜿蜒在峡谷中，时隐时现。

黄龙沟由地表钙华堆积形成，宛若一条金色巨龙。

胜地仙境　人间瑶池

胜地仙境　人间瑶池

黄龙钙华池

黄龙是著名的风景名胜区，位于四川省阿坝藏族羌族自治州松潘县境内。黄龙风景区景观类型丰富，造型奇特，以宏大的地表钙华景观为主景，与周边的山岳景观、峡谷景观、森林景观、人文景观构成了壮丽奇绝的人间瑶池。

在浅黄色的地表钙华堆积上，八大彩池群层层叠叠，如巨龙的鳞甲闪耀着五色缤纷的波光；六大钙华飞瀑的轰鸣与岩溶流泉的轻唱遥相呼应，构成了一首永不停息的交响乐；钙华滩流、钙华洞穴异彩纷呈，构成了如九天瑶池般绚丽奇绝的景观。

黄龙似一座巨大的碧海琼宫，其构景之精美、奇巧胜过能工巧匠。

人间瑶池

　　在相对高差达400余米的黄龙沟中，古冰川塑造的地貌经过长期的钙华沉积，形成了一系列似鱼鳞叠置的彩池群。八群彩池，规模不同，形态各异。

　　"洗花池群"为进沟第一池群。20多个彩池参差错落、排列有序，揭开了黄龙景区的序幕。位置最高的"浴玉池群"由693个彩池组成，面积21056平方米，是黄龙最大的一个彩池群。"金沙铺地"钙华滩流长2500米，宽100米，浅浅的流水在滩面滚流，一泻千米，阳光照射下，波光粼粼，晶莹透亮。涉足滩上，似有"千层之水脚下踏，万两黄金滚滚来"之感。黄龙瀑布规模虽不大，但它飞泻于黄色钙华坡上，流泻于彩池之间，更显得秀美

多姿、别生情趣。黄龙洞内，酷似尊尊佛像的石钟乳似幻似真，倾倒了无数游人。

黄龙喀斯特的形成

距今200万年以前，地球的造山运动使岷山山脉伴随着青藏高原一同快速隆起，黄龙沟也在这一期间形成了典型的冰川U形谷地。该区属古生界和三叠纪以碳酸盐成分为主的地层，地质结构复杂。黄龙古寺南侧的望乡台断裂带是重要的地下水通道，富含碳酸氢钙的地下水通过

"金沙铺地"是从洗身洞到娑萝彩池的钙华流。

深部循环在此出露，成为黄龙钙华堆积的源泉。这些水流经黄龙沟凹凸不平的河床，水流的分布和流速变化不均，加上树根、落叶的局部阻塞，在温度、压力、水动力等因素变化的影响下，水中的碳酸钙沉积下来，形成钙华塌陷、钙华滩流、钙华瀑布等独特的露天钙华堆积地貌。这一地貌的形成和水生植物也有密切关系，科学家们称之为"生物喀斯特作用"。在黄龙沟的彩池、滩流和瀑布中，常常可以看到围绕和依附植物茎干和枝叶形成的钙华，这是生物喀斯特作用促进钙华沉积的典型例证。

这种高山、高寒环境下形成的大规模钙华堆积地貌是世界上绝无仅有的景观，具有重要的科学价值和美学价值。

钙华滩流长2500米，宽100米，浅浅的流水在滩面滚流，一泻千米。

神农架山区　位于鄂、陕、川三省边界，南涉长江，北望武当，是大巴山脉与秦岭山脉的交汇处。

野人出没之地

神农架的秘密

在湖北省西北部有一处山川交错、峰岭连绵的地方，相传上古的神农氏曾经在这里遍尝百草，为人民治病，由于山高路险，神农氏就搭架上山采药。后来百姓为了纪念他，把这里称为"神农架"。

在神农架这片"只有传说，没有历史"的神秘之地，生活着一群川金丝猴。其成年个体，披着柔软细密的金黄色长毛。据说，它们是美猴王孙悟空的原型。

神农架林区现为湖北省所辖，总面积达3250平方千米，林地占85%以上，森林覆盖率达69.5%。其山脉由西南向东北延伸，主峰"神农顶"海拔3105米，为华中最高峰。山中林密谷深，与世隔绝，完好保存着洪荒时代的风光，动植物资源极其丰富。1990年，联合国教科文组织将神农架列为国际"人与生物圈保护网"成员；1995年，世界自然基金会又将神农架定为"生物多样性保护示范点"。

神农氏

神农架作为中华大地上的高山长林，历来被视为畏途，人迹罕至，就连现代人也称这里为"中国大地的深处"。但在这片古老的土地上出土的新、

■ 风景垭位于神农架主峰西侧，峰奇谷秀，气象万千。

旧石器时代文物证明，距今300万年前，这里已有人类活动的足迹。相传，距今5000年前的原始部落首领、中华民族的伟大始祖炎帝神农氏，曾在这里尝草采药。他架木为梯，以助攀援；架木为屋，以避风寒；架木为坛，跨鹤升天。这个传说在现代考古中得到了充分的佐证。1989年，人们在神农架发现了原始人类的早期石器数枚，估计有近200万年的历史。这说明比神农氏更早的时期，这里就有了人类的活动。

野人之谜

野人是世界四大谜之一，"野人"这个称呼原是民间习语。由于目前还没有捕捉到活的个体，也没有取得完整的标本，因此，一些科学工作者称之为"奇异动物"。

在神农架山区，目击野人的人数达百余。从1976年开始，中国科学院组织科学考察队对神农架野人进行了多次的考察。考察中，发现了大量野人脚印，长度从21厘米到48厘米不等，收集到数千根野人毛发。对搜集到的野人毛发，科学工作者做了大量鉴定和测试。各项研究所取得的成果表明：野人毛发不仅区别于非灵长类动物，也与灵长类动物有区别，有接近人类头发的特点，但又不尽相同。参加研究的科学家认为：野人属于一种未知的高级灵长类动物，在神农架所发现的野人脚印与已知的灵长类动物的脚印无一等同。它们用双脚直立行走，可确信是一种接近于人类的高级灵长类动物。最令人惊叹的是野人窝。在海拔2500米的箭竹丛中，考察队发现了用箭竹编成的适合坐躺的野人窝。它们用20多根箭竹扭成，人躺在上面，视野开阔，舒服如靠椅。经多方面验证，这绝非猎人所为，更非猴类、熊类所为。它的制造与使用者应该是那种神秘的介于人和高等灵长目之间的奇异动物。

目前为止，科学家们已经确认神农架野人是神农架山区客观存在的一种奇异动物。虽然已初步了解到这种动物的活动地带和活动规律，但要揭开这千古之谜，还需要进行一系列的科学考察。

■ "野人"一说在中国从古代传说发展为现代传闻，不时有人声称目击或遭遇过这一神秘动物。

三江并流地区汇集了雪山峡谷、湖泊森林、草甸冰川等多种景观。

访问"地球历史公园"

三江并流

这里有着特殊的地质构造；这里是世界生物多样性最丰富的地区之一，是北半球生物景观的缩影，也是世界物种基因库；这里是藏族、彝族、傈僳族等少数民族的聚集地，有着丰富的人文资源……这就是美丽而神奇的三江并流地区。

怒江呈南北走向，东岸是怒山，西岸是高黎贡山。

20世纪80年代，一位联合国教科文组织的官员在一张卫星遥感地图上惊异地发现，在位于地球东经98°~100°30′、北纬25°30′~29°的地区并行着三条奔腾不息的大江，这就是位于青藏高原南延的滇西北横断山脉纵谷之中的"三江"地区。这里曾经是一片鲜为人知的秘境，于2004年申报成为世界自然遗产。2005年，三江并流地区一跃成为世人关注的焦点。

三江并流是指金沙江、澜沧江和怒江这三条发源于青藏高原的大江在云南省境内自

兰坪白族普米族自治县地处金沙江、澜沧江、怒江流域的中心地带，自古就有一日达三江的独特地理位置。

北向南并行奔流，穿越在担当力卡山、高黎贡山、怒山和云岭等崇山峻岭之间，形成了世界上罕见的"江水并流而不交汇"的奇特自然地理景观。

三江并行而流在云南境内约170余千米，位于云南省西部的丽江地区、迪庆藏族自治州和怒江傈僳族自治州。三江并流自然景观由怒江、澜沧江、金沙江及其流域内的山脉组成。它是云南省面积最大、景观最丰富壮观，但基本上未开发的景区。此外，三江并流地区位于东亚、南亚和青藏高原三大地理区域的交汇处，是世界上罕见的高山地貌及其演化的代表地区，也是世界上生物物种最丰富的地区之一。同时，该地区还是藏族、怒族、彝族、傈僳族等众多民族的聚居地，是世界上罕见的多民族、多语言、多种宗教信仰和风俗习惯并存的地区。丰富多彩的民风民俗，险要的峡谷险滩，幽静的高原牧场，丰富的珍稀植物，这些都使得三江并流地区成为令人向往的神秘地带。

四山并立，三江并流

"三江"并流地处川、滇、藏接壤地区，属青藏高原的东南延伸部分。金沙江、澜沧江、怒江沿较深的沟谷发育，将地形深切形成了三条大峡谷，即怒江大峡谷、澜沧江梅里雪山大峡谷和金沙江虎跳峡大峡谷。三条江

横断山区海拔高达3000米以上的高原雨水充足，牧草繁茂，是众多牲畜的栖息地。

的江面海拔高程自东向西呈梯状，高差达500米。这里山谷相间、雪山耸立，江河奔流，构成了举世瞩目的横断山脉和世界唯一的大河并流区。

金沙江是长江的上游，最终注入东海；澜沧江是湄公河的上游，最终注入南海；怒江则是萨尔温江的上游，最终注入安达曼海，后两条江为国际河流。其中澜沧江与金沙江最短直线距离约66千米，而澜沧江与怒江的最短直线距离甚至不到19千米。三江并流奇观的形成，主要原因是受地质构造条件的约束，金沙江、澜沧江、怒江自北向南纵贯全区，被限制在60～100千米的狭长地带内，才得以构成世界上唯一的三江并流奇观，并造就了几个大峡谷。三江并流区域内，南

北向的大江与山脉相间排列，由西往东依次为高黎贡山、怒江、怒山、澜沧江、云岭、金沙江、沙鲁里山。从高空俯视，可见三条大江由北往南纵贯全区，与高黎贡山、怒山、云岭、沙鲁里山形成了"四山并立、三江并流"这一世界罕见的地理奇观。

丰富的地貌

三江并流地区，集雪山、峡谷、高山湖泊、丹霞地貌等自然景观于一体。该地区高山海拔变化呈垂直地带性分布，汇集了高山峡谷、雪峰冰川、高原湿地、森林草甸、淡水湖泊等不同类型的地貌景观，可谓世界上蕴藏最丰富的地质地貌博物馆。

三江并流区域多雄伟壮观的高山雪峰，汇聚了云南最高的高山雪峰——

德钦太子雪山、海拔超过5000米的玉龙雪山和梅里雪山等，另外还有海拔超过4000米的碧罗雪山、高黎贡山、老君山等60余座雪山。

此外，三江并流地区的大峡谷纵横密布。该地区大江大河深入割切，造就了诸多峡谷奇观。怒江大峡谷、金沙江虎跳峡皆以其深度和险度闻名于世，还有怒江的双纳凹地大峡谷、齐那桶峡谷，澜沧江梅里大峡谷、伏龙桥峡谷等。这些峡谷内多急流险滩，险象环生。

三江并流地区高山湖泊密布。在高黎贡山、怒山、老君山上，冰雪融积形成了大量大大小小的湖泊，较著名的有泸水县高黎贡山的听命湖、恩热依比湖、念波依比湖，中甸县的碧塔海、属都湖等。

三江并流地区的高山雪峰间还分布着许多高山草甸，如大小中甸，大羊场、老君山等。春夏之季，高山草甸漫山遍野的红花绿草，牛羊点缀其间，为这里增色不少。据

调查数据显示，三江并流流域面积超过50平方千米的景区就有近百个，各类景点不计其数，可谓是北半球除沙漠海洋景观外各类自然景观的缩影。

世界生物基因库

由于三江并流地区未受第四纪冰期大陆冰川的覆盖，加之区域内山脉为南北走向，因此这里成为欧亚大陆生物物种南来北往的主要通道和避难所，是欧亚大陆生物群落最富集的地区。区域内云集了北半球南亚热带、中亚热带、北亚热带、暖温带、温带、寒温带和寒带等各种气候环境类型，共拥有20余种生态系统，占北半球生态系统类型的80%，是欧亚大陆生物生态环境的缩影。

此外，这一地区的总面积虽不足国土总面积的0.4%，却拥有全国20%以上的高等植物和全国25%的动物种数。因此，三江并流地区名列中国生物多样性17个关键区的第一位，被誉为"世界生物基因库"。

怒江大峡谷位于云南西部，为三江并流风景区的一部分。

怒江、金沙江和澜沧江孕育了数千年的"江边文化"。

虎跳滩土林·班果土林·新华土林

雄浑土林

云南省的元谋、永德、华宁、景东、南涧等许多县都有土林景观，但楚雄彝族自治州元谋县的土林尤以分布广泛、类型齐全、发育良好和规模宏大而雄踞全省之冠。

元谋土林分布在元谋县西部和西北部的白草岭山脉余脉以及蜻蛉河、勐冈河、班果河沿岸，总面积43平方千米。元谋土林在虎跳滩、班果、新华等地分布集中，保存完好，面积较大，具有较高的观赏价值。

土林里面还含有丰富的动植物化石，如硅化木、中国犀化石等。

土林的形成

元谋土林属于地质新生代第四纪沙砾黏土沉积岩，这一地层岩层倾斜较缓，有利于保持岩柱稳定。由于这个层位有较多的膨胀土成分，雨后泡水体积膨胀，干季失水体积缩小。同时还由于元谋土林正处于沙砾岩内，铁质皮壳与粉砂岩黏土层软硬相间，沿软岩层凹进，硬岩层突出，不断地发育成长。在这样特殊的地质条件下，又经过亚热带地区长期的烈日暴晒、雨水冲刷，终于形成这一自

云南土林分布较广，其中以元谋县的虎跳滩、班果、新华土林为佳。

然奇观。元谋土林的基本构成是一座座黄色的土峰土柱，其顶端大都呈圆锥或扁平形，峰柱的顶端犹如戴了一顶顶土帽。据考证，土柱表层物质被风雨等外力剥蚀、运走，沉积层中的铁、钙质所凝结的坚硬且不透水的胶结层暴露出来，形成天然顶盖——土帽，使得土峰土柱受到相应保护，因而不易倾倒。如果说水土流失是土林形成的主要原因，那么"土帽"则使成形的土峰土柱能够岿然独存。

土林的土柱表面夹杂有闪烁的石英砂和玛瑙片砂，在阳光的照耀下五光十色。

虎跳滩土林

虎跳滩土林位于元谋县城西北32千米的物茂乡虎溪行政村，总面积2.3平方千米。虎跳滩土林形态以城堡状、屏风状、帘状为主，高度一般为10～15米，最高27米。虎跳滩土林主沟为东西向的干涸河床，河床表面为黄色细砂和彩色砾石，而支沟则分布在主沟南北两侧。土林佳景大多集中在支沟。主沟的北侧有"元帅府"、"古堡幽情"、"骆驼峰"3条支沟；南侧有"无名沟"、"欧亚奇观"2条支沟。"欧亚奇观"是虎

跳滩土林的最佳景观，这里的土林高大挺拔，大都酷似古代宫廷殿堂，造型中西合璧，相映生辉。

班果土林

班果土林位于元谋县城西18千米的平田乡南400米沙河处，总面积14平方千米，是元谋面积最大的土林。班果土林是土林发育老年期残丘阶段的代表，所以土林高度一般在3～8米，最高12米。班果土林的土柱分布稀疏，个体较发育，群体较少。班果土林以柱状、孤峰状为主，造型奇特。景区内由于缺水，植被分布较差，只有少量的草丛。正因为如此，班果土林保持了土林的原始风貌，显示出土林的雄浑壮观。班果土林的土柱表面夹杂有闪烁的石英砂

和玛瑙片砂，如同镶嵌了宝石，在阳光的照耀下，五光十色。

新华土林

新华土林位于元谋县城西33千米处新华乡境内，距班果土林15千米，地处元谋、大姚、牟定3县交界处。景区总面积8平方千米，由华丰、浪巴铺和河尾3片土林组成。新华土林高大密集，类型齐全，圆锥状土林发育良好，一般高8～25米，最高达42.8米，居元谋土林高度之冠。新华土林色彩丰富，土柱顶部以紫红色为主，中部为灰白色，下部则以黄色为基调。从远处看，新华土林就像一座座富丽堂皇的宫殿，走进去则犹如置身于古堡画廊中。

创世卓越 荣誉出品
Trust Joy Trust Quality

图书在版编目(CIP)数据

全球最美的地质奇观/龚勋主编. — 重庆：重庆
出版社，2013.1
（学生地理探索丛书）
ISBN 978-7-229-05468-7

Ⅰ.①全··· Ⅱ.①龚··· Ⅲ.①地貌－景观－世界－青
年读物②地貌－景观－世界－少年读物 Ⅳ.①P941-49

中国版本图书馆CIP数据核字(2012)第163552号

学生地理探索丛书

全球最美的
地质奇观 GEOLOGICAL
WONDERS

总 策 划	邢 涛	邮 编	400016
主 编	龚 勋	网 址	http://www.cqph.com
设计制作	北京创世卓越文化有限公司	电 话	023-68809452
图片提供	全景视觉等	发 行	重庆出版集团图书
出 版 人	罗小卫		发行有限公司发行
责任编辑	郭玉洁 李云伟	经 销	全国新华书店经销
责任校对	何建云	印 刷	北京楠萍印刷有限公司
印 制	张晓东	开 本	787mm×1092mm 1/16

重庆出版集团
重庆出版社 出版 果壳文化传播公司 出品

印 张 12
字 数 200千
2013年1月第1版
2013年1月第1次印刷
ISBN 978-7-229-05468-7

地 址 重庆长江二路205号

定 价 19.80元